高等院校"十二五"应用型艺术设计
教育系列规划教材

商业办公空间设计

宋寿剑　于　杨　编著

合肥工业大学出版社

图书在版编目（CIP）数据

商业办公空间设计/宋寿剑编著.—合肥：合肥工业大学出版社，2014.3（2021.1重印）
ISBN 978-7-5650-1765-0

Ⅰ.①商…　Ⅱ.①宋…　Ⅲ.①商业-办公建筑-空间设计-教材
Ⅳ.①TU24

中国版本图书馆CIP数据核字（2014）第041563号

编　　著：宋寿剑　于　杨
责任编辑：王　磊　袁　媛　　　封面设计：袁　媛
书　　名：高等院校“十二五”应用型艺术设计教育系列规划教材——商业办公空间设计

出　　版：合肥工业大学出版社
地　　址：合肥市屯溪路193号
邮　　编：230009
网　　址：www.hfutpress.com.cn
发　　行：全国新华书店
印　　刷：安徽联众印刷有限公司
开　　本：889mm×1194mm　1/16
印　　张：6
字　　数：210千字
版　　次：2014年3月第1版
印　　次：2021年1月第3次印刷
标准书号：ISBN 978-7-5650-1765-0
定　　价：45.00元
发行部电话：0551-62903188

序

PROLOG

目前艺术设计类教材的出版十分兴盛，任何一门课程如《平面构成》、《招贴设计》、《装饰色彩》等，都可以找到十个、二十个以上的版本。然而，常见的情形是许多教材虽然体例结构、目录秩序有所差异，但在内容上并无不同，只是排列组合略有区别，图例更是单调雷同。从写作文本的角度考察，大都分章分节平铺直叙，结构不外乎该门类知识的历史、分类、特征、要素，再加上名作分析、材料与技法表现等等，最后象征性地附上思考题，再配上插图。编得经典而独特，且真正可供操作、可应用于教学实施的却少之又少。于是，所谓教材实际上只是一种讲义，学习者的学习方式只能是一般性的阅读，从根本上缺乏真实能力与设计实务的训练方法。它表明教材建设需要从根本上加以改变。

从课程实践的角度出发，一本教材的着重点应落实在一个“教”字上，注重“教”与“讲”之间的差别，让教师可教，学生可学，尤其是可以自学。它必须成为一个可供操作的文本、能够实施的纲要，它还必须具有教学参考用书的性质。

实际上不少称得上经典的教材其篇幅都不长，如康定斯基的《点线面》，伊顿的《造型与形式》，托马斯·史密特的《建筑形式的逻辑概念》等，并非长篇大论，在删除了几乎所有的关于“概念”、“分类”、“特征”的絮语之后，所剩下的就只是个人的深刻体验，个人的课题设计，于是它们就体现出真正意义上的精华所在。而不少名家名师并没有编写过什么教材，他们只是以自己的经验作为传授的内容，以自己的风格来建构规律。

大多数国外院校的课程并无这种中国式的教材，教师上课可以开出一大堆参考书，却不编印讲义。然而他们的特点是“淡化教材，突出课题”，教师的看家本领是每上一门课都设计出一系列具有原创性的课题。围绕解题的办法，进行启发式的点拨，分析名家名作的构成，一次次地否定或肯定学生的草图，无休止地讨论各种想法。外教设计的课题充满意趣以及形式生成的可能性，一经公布即能激活学生去进行尝试与探究的欲望，如同一种引起活跃思维的兴奋剂。

因此，备课不只是收集资料去编写讲义，重中之重是对课程进行设计有意义的课题，是对作业进行编排。于是，较为理想的教材的结构，可以以系列课题为主，其线索以作业编排为秩序。如包豪斯第一任基础课程的主持人伊顿在教材《设计与形态》中，避开了对一般知识的系统叙述，而是着重对他的课题与教学方法进行了阐释，如“明暗关系”、“色彩理论”、“材质和肌理的研究”、“形态的理论认识和实践”、“节奏”等。

每一个课题都具有丰富的文件，具有理论叙述与知识点介绍、资源与内容、主题与关键词、图示与案例分析、解题的方法与程序、媒介与技法表现等。课题与课题之间除了由浅入深、从简单到复杂的循序渐进，更应该将语法的演绎、手法的戏剧性、资源的趣味性及效果的多样性与超越预见性等方面作为侧重点。于是，一本教材就是一个题库。教师上课可以从中各取所需，进行多种取向的编排，进行不同类型的组合。学生除了完成规定的作业外，还可以阅读其他课题及解题方法，以补充个人的体验，完善知识结构。

从某种意义上讲，以系列课题作为教材的体例，使教材摆脱了单纯讲义的性质，从而具备了类似教程的色彩，具有可供实施的可操作性。这种体例着重于课程的实践性，课题中包括了“教学方法”的涵义。它所体现的价值，就在于着重解决如何将知识转换为技能的质的变化，使教材的功能从“阅读”发展为一种“动作”，进而进行一种真正意义上的素质训练。

从这一角度而言，理想的写作方式，可以是几条线索同时发展，齐头并进，如术语解释呈现为点状样式，也可以编写出专门的词汇表；如名作解读似贯穿始终的线条状；如对名人名论的分析，对方法的论叙，对原理法则的叙述，就如同面的表达方式。这样学习者在阅读教材时，就如同看蒙太奇镜头一般，可以连续不断，可以跳跃，更可以自己剪辑组

序

PROLOG

合，根据个人的问题或需要产生多种使用方式。

艺术设计教材的编写方法，可以从与其学科性质接近的建筑学教材中得到借鉴，许多教材为我们提供了示范文本与直接启迪。如顾大庆的教材《设计与视知觉》，对有关视觉思维与形式教育问题进行了探讨，在一种缜密的思辨和引证中，提供了一个具有可操作性的教学手册。如贾倍思在教材《型与现代主义》中以“形的构造”为基点，教学程序和由此产生创造性思维的关系是教材的重点，线索由互相关联的三部分同时组成， 即理论、练习与构成原理。如瑞士苏黎世高等理工大学建筑学专业的教材，如同一本教学日志对作业的安排精确到了小时的层次。在具体叙述中，它以现代主义建筑的特征发展作为参照系，对革命性的空间构成作出了详尽的解读，其贡献在于对建筑设计过程的规律性研究及对形体作为设计手段的探索。又如陈志华教授写作于20世纪70年代末的那本著名的《外国建筑史19世纪以前》，已成为这一领域不可逾越的经典之作，我们很难想象在那个资料缺乏而又思想禁锢的时期，居然将一部外国建筑史写得如此炉火纯青，30年来外国建筑史资料大批出现，赴国外留学专攻的学者也不计其数，但人们似乎已无勇气再去试图接近它或进行重写。

我们可以认为，一部教材的编撰，基本上应具备诸如逻辑性、全面性、前瞻性、实验性等几个方面的要求。

逻辑性要求，包括内容的选择与编排具有叙述的合理性，条理清晰，秩序周密，大小概念之间的链接层次分明。虽然一些基本知识可以有多种不同的编排方法，然而不管哪种方法都应结构严谨、自成一体，都应生成一个独特的系统。最终使学习者能够建立起一种知识的网络关系，形成一种线性关系。

全面性要求，包括教材在进行相关理论阐释与知识介绍时，应体现全面性原则。固然教材可以有教师的个人观点，但就内容而言应将各种见解与解读方式，包括自己不同意的观点，包括当时正确而后来被历史证明是错误或过时的理论，都进行尽可能真实的罗列，并同时应考虑到种种理论形成的文化背景与时代语境。

前瞻性要求，包括教材的内容、论析案例、课题作业等都应具有一定的超前性，传授知识领域的前沿发展，而不是过多表述过时与滞后的经验。学生通过阅读与练习，可以使知识产生迁延性，掌握学习的方法，获得可持续发展的动力。同时一部教材发行后往往要使用若干年，虽然可以修订，但基本结构与内容已基本形成。因此，应预见到在若干年以内保持一定的先进性。

实验性要求，包括教材应具有某种不规定性，既成的经验、原理、规则应是一个开放的系统，是一个发展的过程，很多课题并没有确定的唯一解，应给学习者提供多种可能性实验的路径、多元化结果的可能性。问题、知识、方法可以显示出趣味性、戏剧性，能够激发学习者的探求欲望。它留给学习者思考的线索、探索的空间、尝试的可能及方法。

由合肥工业大学出版社出版的《高等院校“十二五”应用型艺术设计教育系列规划教材》，即是在当下对教材编写、出版、发行与应用情况，进行反思与总结而迈出的有力一步，它试图真正使教材成为教学之本，成为课程的本体的主导部分，从而在教材编写的新的起点上去推动艺术教育事业的发展。

邬烈炎

南京艺术学院设计学院院长　教授

前言
FOREWORD

“空间”泛指物质存在的一种客观形式，由长度、宽度、高度表现出来，是物质存在的广延性和伸张性的表现。本书所指的“空间”是由建筑形式所造就的供人们活动和使用的场所，也被称之为建筑空间。其不仅涉及建筑物理、材料、空间功能、空间形式、空间尺度、空间活动与流通等，且还涉及人们的行为、心理、审美等因素。建筑空间创造是人为的创造性活动，充分体现创造空间的人性化、科学化、合理化。而这里所谈到的商业办公空间设计是人们在商业活动中办公需要提供的工作环境空间。其有别于纯建筑设计中的土建，也不同于室内设计中的住宅空间、娱乐空间，是指从事各类商业活动与业务的办公环境系统。

本书收入了很多著名设计公司和设计师的部分作品，这些作品从整体上都具有鲜明的视觉表现力，同时突出强调商业办公空间设计绝非仅仅要求一个赏心悦目的外观形式。在整个工程中，有很多问题有待解决，例如市场的调研分析、地产的合适选择、空间的有效利用、最大生产力的设施设备、工效因素的关系以及日益苛刻的声像、数据传播的技术支持等。

而《商业办公空间设计》教程的编写，正是从这些问题出发，试着从解决问题的角度，通过对商业办公空间设计的基本原则与设计方法、设计与施工、施工与施工管理等方面的了解认识，达到以其为基本框架进行对在设计、施工、施工管理中所存在问题的分析、解决途径的阐述，以及对未来商业办公空间发展的展望。真正做到以实际案例说话，针对实际情况，分析和解决具体问题，实现理论与实践相结合的教学模式。

课程简介：商业办公空间设计课程是利用商业办公空间设计的基本原则与设计方法，解决商业办公空间中空间结构与人的活动及办公流程的关系，从而进行空间的界面与功能的设计，是室内环境艺术设计专业的重要课程。

课程目的：本课程教学按现代办公空间装饰设计工程中设计与施工的一般先后程序，分别介绍在现代办公空间装饰设计中从规划、设计到施工等方面的基本原理、主要方法和技巧。在理论讲授和实践训练中，要求学生懂得并掌握商业办公空间设计的一般程序、商业办公空间设计方法、商业办公空间设计表现及商业办公空间设计与施工管理，培养学生具备商业办公空间设计的基本的交流、协调、合作和实施管理的能力。

编者

2015年2月

目录

contents

W

第一章　商业办公空间设计概述

学习目标：了解商业办公空间设计的基本原理、商业办公空间设计的基本程序、商业办公空间的分类及功能；要求学生对商业办公空间设计有整体的认识，了解商业办公空间设计的基本原理和掌握商业办公空间设计的基本程序，能从不同角度细分不同类型的商业办公空间，并整体把握商业办公空间的功能构成。

学习重点：学生应重点把握好商业办公空间设计的基本原理，以及对商业办公空间功能构成的每个部分所起作用的归纳。

学习难点：对商业办公空间设计基本原理的理解，以及商业办公空间的功能构成。

第一节　商业办公空间设计的基本原理和程序

空间是一种物质存在的方式。人类在一个特定的环境空间内进行着各类活动，产生了各类空间概念。商业办公空间是具有明确功能要求的室内空间。商业办公间空间设计是面对人类商业活动需要界定的环境空间设计。

一、商业办公空间设计的基本原理

商业办公空间设计是一个复杂的设计过程。随着社会、经济、科技的快速发展，为不断满足商业办公空间的有效利用性和功能的实效性，商业办公空间的设计规划存在着一般的规律。

1. 空间优化原则

空间设计是对整个空间环境的规划、界定、包装的过程。商业办公空间设计是在原建筑设计的基础上进行再设计是在各方面的因素（商业活动的资金投入、商圈的界定、不定因素的存在等）影响下，对所要利用的原建筑空间不能符合商业办公空间的功能要求和美学标准等问题的分析和解决，最大化地利用原空间存在的优势，优化解决原空间的弊端，实现空间优化。（图 1–1，图 1–2）

图 1-1 合理高效利用空间 百仕活音乐娱乐有限公司 蔡荣堂、余远扬参与设计

图 1-2 空间优化分割 沃尔特·迪士尼特色动画公司 DMJM 泰特设计

图 1-3 宽敞明亮的会议室 水质保险企业联合组织 艾伦·盖纳公司设计

图 1-4 办公休憩空间 奥尔多集团 艾迪费卡建筑+设计

图 1-5 办公接待空间 费尔德曼+基汀格联合公司 布朗，瑞斯曼，米尔斯坦，费尔德和斯丁纳设计

图 1-6 等待接待空间 通成推广有限公司 林伟而，卡瑞·杨，周达星设计

2. 功能强化原则

满足商业办公工作形式的功能需要是商业办公空间设计的主要任务，也是办公空间划分布局的依据。一般商业办公空间功能的实现表现在以下几个方面：

（1）使用功能：商业办公空间首先满足的是商业活动工作的需要。材料的存放需要资料室，文件的收发需要收发室，客户接待需要接待室，另外还有会议室（大会议室、小会议室、开放交流空间）、展示室等。其次是生活功能的需要。随着居住区和商业区的不断分离，一般商业办公空间的规划也需要考虑到基本生活空间的规划。再次是休息功能的需要，往往把接待空间和休息空间合而为一，当然有独立的休息空间更佳。（图 1–3，图 1–4，图 1–5，图 1–6）

（2）审美功能：商业办公空间除了满足使用功能外，对于企业形象物化功能、人性心理美化功能同样具有很强的必要性。（图 1–7，图 1–8）

（3）安全功能：这是一切功能实现的开始，也是所有功能目标实现的保证。在办公空间设计中对于人员密集的过道、楼梯、电梯、各种扶手、围杆，包括基础设施的水、电等，不仅追求视觉审美要求，更应强调安全性，都应参考具体标准实施。（图 1–9，图 1–10）

图 1-8 娱乐空间采用亮丽的色彩装点空间 辛格勒无线通讯 克林公司设计

图 1-7 造型与色彩共创美好企业形象 香港现代资讯科技大厦 10 层 艺连设计股份有限公司设计

图 1-9 利用钢化结构实现空间的通透并确保安全 高明科技工程有限公司 蔡明治、麦启荣等设计

图 1-10 钢化结构 高明科技工程有限公司 蔡明治、麦启荣等设计

3. 人性美化原则

有设计师这样说："空间原是由一个物体同感知它的人之间产生的相互关系所形成的。"而空间设计就是依照人类自己的要求对客观存在的一种利用和再创造。人的本位性有突出地位，以人为本在使用性较强的商业办公空间设计中是同样需要遵循的原则。（图 1–11）

4. 环境净化原则

合法劳动者接近三分之一的时间处于工作状态。商业办公空间的环境净化程度直接影响到工作者的工作效率。办公空间设计材料的环保性关系人的生理健康，而办公空间的绿化程度涉及人的心理健康。（图 1–12，图 1–13）

二、商业办公空间设计的基本程序

商业办公空间设计是提出问题、分析问题、解决问题的一般过程，主要是规划与设计、设计与表现、设计与施工的完整过程，具体表现在以下几个方面。

1. 调查分析

接受商业办公空间设计工程一般有两种途径：一种是中投标，一种是受委托。调查分析应着手以下方面：

（1）对象从事商业活动域的分析；

（2）同性对象实现状况分析；

（3）所处商圈的分析；

（4）办公流程的分析；

（5）办公方式的分析；

（6）人的分析（管理者、员工、顾客）。

2. 察看现场

在查阅相关资料的基础上，察看现场。

（1）建筑基本结构的认识；

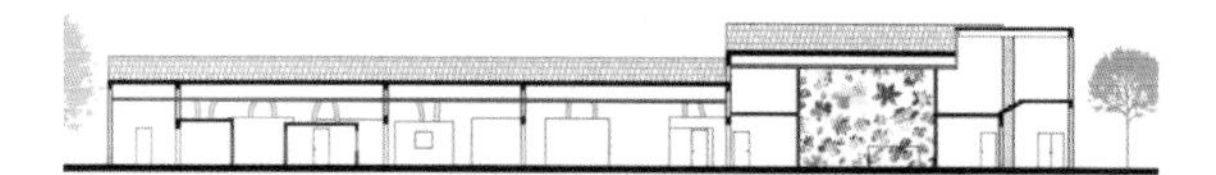

图 1-12 在清晰无趣的环境中有着丰富迷幻的表情 上海秀领瀚禾景观绿化工程有限公司办公楼 饶青设计

图 1-11 人性化设计的会议桌 Christian Richters 摄影

图 1-13 自然光的应用——节能环保 怀特，奥康纳，加瑞和阿凡赞多，费尔德曼 + 基汀格联合公司设计

（2）基本尺寸采集；

（3）细节尺寸的核算（主次梁的高度、排污管、消防栓、空调管道的尺寸等）；

（4）周边环境分析（解决窗口朝向问题）。

3. 规格定位

在经过前期调研和现场察看基础上可以做方案了：

（1）整体实现层面的界定；

（2）整体风格的选择；

（3）基本材料的选用；

（4）方案表现（功能分区的平面布置图、天棚布置图、配电图、立面造型图、部分材料规格表等）。

4. 换位交流

这是一个非常重要的环节，对设计者而言是结合客户继续深化方案的过程，对客户而言是验证、商榷方案的过程，需要双方换位思考。

（1）商讨整体方案的可行性；

（2）明确整体方案的价值性；

（3）提高整体方案的实现性。

5. 确定方案

这是一个承上启下的阶段，是前期调研、拟订方案、换位交流的整体表现。一套设计施工方案册其主要内容包括：平或顶棚布置图、立面造型图、接点大样图、施工详图、配色图表、材料规格说明，基本设备、辅助设备的选型说明、工程预算表及合同书。

随着社会分工细化，存在有设计和施工分别委托来做的可能，所以对施工前的设计方案进行审定很重要，甚至设计将辅助施工直到方案实现。这个过程会有很多问题需要相互协调。

6. 施工协调

设计方案的实现需要通过施工来完成。设计方案要结合施工工艺来设计，而施工过程同样需要设计的配合。施工过程协调的好坏直接关系到工程质量的好坏。

（1）设计方案和建筑技术结合。原建筑空间的基本结构、构造方式、采光通风、水电设备布置安装技术、辅助设备布置安装需要充分反映在设计方案上。

（2）设计方案和材料技术结合。材料的规格、材料技术应用的标准在设计方案中要考虑结合材料的物理性能、化学性能、材质审美价值、物质构造、可利用性能、可造型特征、材料的加工工艺等方面。

（3）设计方案和施工技术结合。商业办公空间设计与施工技术主要有三个方面：一是土建施工，主要是建筑结构的调整和建筑空间的划分隔断；二是装饰施工，主要是空间环境营造，除了施工技术的要求外，对施工工艺的审美标准同样注重；三是设备安装施工，主要有基本设备安装和辅助设备安装，这里除强调设备安装的实际可操作性外，还得注意和整体的协调统一。

（4）设计者和施工者结合。设计方案的确定要全面彻底地传达给施工者，施工过程中设计者还应不定期去施工现场了解施工进度和质量。

7. 竣工验收

这是完成整个过程的收尾阶段。在交付客户之前，设计施工要进行整体评估，特别是安全问题，并进行工程结算，提交客户验收。

第二节　商业办公空间的分类和功能构成

随着商业活动的变化，商业办公空间的办公模式和办公理念以及办公组织从形式到内容都发生了一些变化。商业办公空间的分类和功能构成日趋细化。

一、商业办公空间的分类

商业办公空间的分类有很多方式和依据，最基本的是商业办公空间的商业活动性质，办公的基本模式，环境的开放程度等。

1. 按使用性质分类

根据商业办公空间的使用性质可分为：

（1）生产制造型；

（2）服务型。

2. 按办公模式分类

按具体办公模式分类可分为：

（1）阶梯式办公模式

这种工作方式相对较独立，自上而下等级分明，层次明朗，一般工商业较多应用这种模式。

（2）环形式办公模式

这类办公空间各工作部门工作程序有密切的关系，一环套一环，其办公空间多表现为较大型的、具有灵活性的空间。现代商业活动较多应用这种模式。

（3）综合式办公模式

这是上述两种模式的混合体，既利用了阶梯式办公模式主次分明的优势，又结合了环形式办公模式灵活自由的特点。

3. 按开放程度分类

按办公空间的空间开放程度可划分为：

（1）封闭型（图 1–14，图 1–15）

封闭型是以所设部门的工作性质来划分不同大小和形状的空间。其优势在于隐蔽性较强，善于保护商业机密，同时可以分别设置掌控设备利用，如某部门休息、出差，这部门的设备就可以停止使用，有效节省资源。其缺点就是过于浪费空间，隔断需要空间，不易于调整。

（2）半封闭型（图 1–16，图 1–17）

在封闭型的基础上，利用透明或半透明材料或可折叠移动材料进行隔断划分独立空间。其优势在于结合了

图 1-14 百叶窗是半封闭空间到封闭空间实现的关键 新维思设计顾问有限公司 San leung, Haworth Chan 设计

图 1-15 独立全封闭空间，共享部分资源 新维思设计顾问有限公司 San leung, Haworth Chan 设计

封闭型隐蔽性强的特点，同时也解决了其存在的缺点；其缺点就是要求应用的材料具有长效性。

（3）敞开型（图 1-18，图 1-19）

敞开型是将很多细小空间统一置于一大空间内，通过虚拟个人空间划分原有空间。这种方式节省空间，便于工作人员的交流，但隐蔽性、保密性较差，往往用于一些普通工作性质的部门空间。

图 1-17 通过磨砂玻璃实现半封闭空间分割 韦斯特·韦恩，汤普森，文图利，斯坦巴克及合伙人设计

图 1-16 半封闭空间 Global Star Entertainment & Technologies Co. Ltd 蔡明治设计有限公司设计

图 1-18 明亮的敞开式空间 澳新银行集团 澳大利亚 HASSELL 设计公司 EARL CARTER 摄影

图 1-19 敞开式空间的应用 Thunder House 工作室 Peter Mauss 摄影

二、商业办公空间的功能构成

商业办公空间的各类空间通常由主要办公空间、公共接待空间、交通联系空间、配套服务空间、附属设施空间等构成。

1. 主要办公空间（图 1-20，图 1-21）

这是商业办公空间的核心。一般根据办公性质和规模分小型办公空间、中型办公空间和大型办公空间三种。

（1）小型办公空间：一般面积大小为 40 平方米以内，适应管理型的办公方式。

（2）中型办公空间：一般面积大小在 40 平方米 ~150 平方米之间，其外部联系较方便，内部联系也较紧密。适应组团型的办公方式。

（3）大型办公空间：其内部空间既有一定的独立性又有相对的独立性，适应于各种组团共同协作的办公方式。

2. 公共接待空间（图 1-22，图 1-23）

主要是指用于进行接待、会客、展示、会议等活动需要的空 间。根据整体空间的规划，一般有大、中、小各类型以及各类大小不同的展示厅、资料阅览室、多功能厅等。

3. 交通联系空间（图 1-24，图 1-25）

主要是指用于所在环境的交通联系，一般有水平交通联系空间和垂直交通联系空间两种。

（1）水平交通联系空间主要指门厅、大堂、走廊、电梯厅等空间。

（2）垂直交通联系空间主要指电梯、楼梯等空间。

4. 配套服务空间（图 1-26，图 1-27）

主要是指为满足主要办公空间需要的空间，通常有资料室、档案室、文印室、电脑机房、晒图室、员工就餐厅、开水房、卫生间、工具室等。

5. 附属设施空间（图 1-28，图 1-29）

主要是指保证办公楼正常运作的附属空间，通常为变电室、中央控制室、空调机房、锅炉房等。

课程实践环节：

选择参观成功的商业办公空间设计案例，主要从商业办公空间设计的基本原理和功能构成角度进行优劣分析。

具体要求：

分组讨论，写出书面分析报告，A4 纸统一打印并备电子稿，字数 1 000~2 000 字。

图 1-20 大型工作空间 新世纪事业集团设计组 San Leung，梁兆新设计

图 1-21 主要办公区域 华润石化（集团）有限公司 麦坚士设计顾问集团有限公司设计

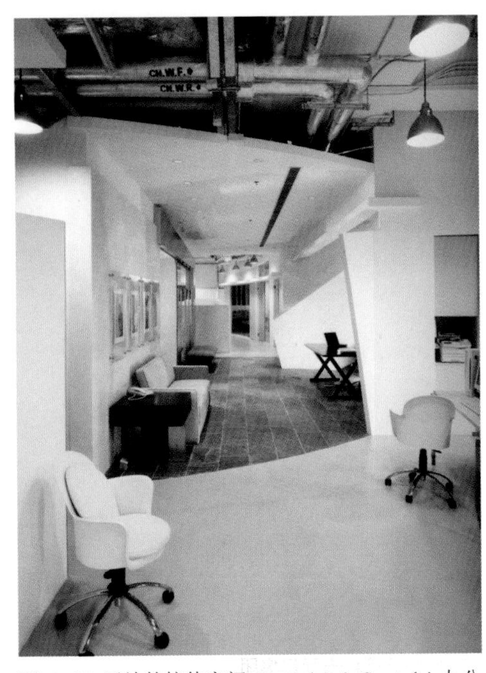

图 1-22 开放的接待空间 Saatchi & Saatchi 办公室 Richards Basmajian Ltd 设计

图 1-23 公共接待区域 韦斯特·韦恩，汤普森、文图利、斯坦巴克及合伙人设计

图 1-24 主通道 麦行记集团 艺连设计股份有限公司设计

图 1-25 过道 麦行记集团 艺连设计股份有限公司设计

图 1-26 员工咖啡厅 某专业服务公司 李永忠合伙人公司设计

图 1-27 寄存间 某专业服务公司 李永忠合伙人公司设计

图 1-28 系统配置房 麦坚士设计顾问集团有限公司 曾翠育设计

图 1-29 控制中心 金斯勒国际有限公司 钟德瑞等设计

第二章　商业办公空间设计准备

学习目标：了解商业办公空间设计施工前所要做的调查、分析、交流，制订计划和工程合同制作等过程；要求认识到商业办公空间设计施工前期准备的必要性、实效性。

学习重点：学生应深入了解并懂得对象内涵鉴定和市场调查分析的重要性，以及在整个设计过程中所起到的作用；掌握制定设计计划和工程合同。

学习难点：全面分析对象内涵鉴定、市场调查分析。

第一节　商业办公空间设计对象

这是商业办公空间设计的开始，也贯穿整个设计的始终。无论是受委托还是参投标，对对象的认识程度直接关系到设计成果的实现情况。

一、设计对象内涵的整合

1. 对设计对象整体形象的分析

对于企业的类型和文化以及整体的形象特征都要进行量化分析，这很重要，主要包括对企业的商业活动范围、企业文化底蕴、企业是否有同一形象识别系统（CIS）等问题的了解和分析。如何在设计中体现这些方面是整个设计工程的关键。

2. 对设计对象内部机构及相互关系的界定

对于建筑空间的最优化利用是对企业投入资金的优化分配，同时也是办公空间功能划分的有效依据，对提高工作效率，合理分配办公资源都有帮助。

3. 对设计对象可拓展性预测

根据设计对象经营范围、工作方式等方面的调整，对原设备的增加、空间的再分割等诸多问题都要依据对象的要求在材料上、施工工艺上作实用性、整体性和前瞻性的规划。

二、设计对象类的分析

商业活动自古至今都在“优胜劣汰”的大规律下发展。作为商业活动中稳定性、整体性的企业形象表现——办公空间，其设计表现既要突出对象的整体特征，又要加强其个性特征。

1. 同性不同类分析

具有相同的商业活动性质，但在本质上有所不同。比如同是服务性，一个主要经营餐饮，一个主要经营服饰。

2. 同类不同性分析

具有相同的经营类别，但在商业活动性质上有所不同。比如同是汽车行业，一个是汽车生产制造，一个是汽车销售。

3. 同性同类分析

同时具有相同的商业活动性质和经营类别。这是设计对象分析的重点。

（1）同性同类不同商圈的分析

同性同类的商业活动在不同局域类具有局域限制和地方特色的体现。这方面的分析有利于风格的定位。

（2）同性同类相同商圈的分析

这是在对象类中竞争程度最高的对手分析，直接关系到对象个性优势体现。

三、设计对象交流

1. 设计整体风格的探讨

根据设计对象的商业活动性质、工作方式等方面探讨设计整体风格是欧式、中式或日式、现代或古典式。不能一味听从客户的设想，也不能由设计师擅自定夺。

2. 了解预计投资

资金投入的多少对设计师做方案具有指导意义。设计师起草方案无论注重实用性还是注重艺术性都需要明确资金的投入以及风格的确立。材料的选择、设备的规格等都和资金的投入有直接的关系，需要在设计准备阶段明确这方面问题。

3. 设计细节要求

在设计准备阶段还需要了解客户对哪些部位的细节存在要求，如原建筑梁是变相处理，还是保留原貌？需要对所涉及的具体要求达成共识。另外，有关设计施工内部结构性问题都需要和客户达成共识，以避免出现纠纷。

第二节 商业办公空间设计进度

依据商业办公空间设计的基本程序拟定工程设计进度安排，做好开工完工的预测跨度。

一、设计计划进度安排

正确的设计工作程序、严谨的设计计划安排是保证设计质量的关键。商业办公空间设计计划进度安排主要有设计准备、方案设计、施工图纸设计三个阶段。具体如表 2-1 所示。

二、制定签订合同

这里主要是中标承包合同和委托合同文件，前者是已经取得工程承包权的施工单位与建设单位之间为完成装饰工程任务所签订的具有法律效力的书面合约；后者是工程施工单位为实施工程，委托装饰设计单位进行工程设计时，双方签订的具有法律效力的书面合约。

1. 装饰工程设计承包合同的内容

装饰工程承包合同应具有以下主要条款：

（1）合同的标题要明确。装饰工程承包合同中要明确工程项目、工程量、工期和质量等。

（2）数量和质量。明确合同中的计量单位，明确采用的质量标准。

（3）价款或酬金。合同中要明确货币的名称、支付方式、单价、总价等。

（4）履行的期限、地点和方式。包括工程开始到结束的全过程的履行、工程期限、地点、结算方式等。

（5）违约责任。

具体内容可以参考国家相关标准。

2. 装饰工程设计委托合同

装饰设计委托合同是施工单位与设计单位依据国家有关法规，为明确双方的责任、权利和经济利益关系，协商议定的协议书。具体内容及格式举例如下：

表 2-1　商业办公空间设计计划进度安排

阶段	工作项目	主要内容	时间分配
设计准备	调查研究	1. 定向调查	
		2. 现场调查	
	收集整合资料	1. 建筑工程资料	
		2. 同类设计内容的资料	
		3. 收集有关规范和定额	
	方案构思	1. 整体构思形成草案	
		2. 比较各种草案	
方案设计	确定设计方案	1. 草案交流	
		2. 与建筑、结构、设备、电气设计方案初步协调	
		3. 完善设计方案	
	完成设计	1. 设计说明	
		2. 设计图纸	
	基本材料、设备规格	1. 基本材料规格和样板	
		2. 基本设备规格和图片	
	工程预算	根据方案设计内容，参照定额，测算工程所需费用	
施工图设计	完善方案设计	1. 对方案进行修改、补充	
		2. 与建筑、结构、设备、电气设计方案明确协调	
	完成施工文件	1. 提供施工文件	
		2. 完成施工图设计（施工详图、节点图、大样图）	
	编制工程预算表	1. 编制说明	
		2. 工程预算表	
		3. 工料分析表	

注：本设计计划表相对比较完整，当然实际操作中也会存在某些特殊性，例如时间分配主要是与客户达成一致

上海市室内设计委托合同

合同编号:

委托方(甲方):

承接方(乙方):

根据《中华人民共和国合同法》以及其他有关法律、法规的规定，结合室内装饰的特点，经甲、乙双方友好协商，甲方委托乙方承担室内装饰设计，并达成如下协议(包括本合同附件和所有补充合同)，以便共同遵守。

一、甲方委托乙方按以下第________种方案承担室内设计:

1. 甲方委托乙方承担住宅室内设计，地址______________________，房型__________，用途____________________，使用面积__________________平方米。设计收费按使用面积计算。

2. 甲方委托乙方承担公共空间室内设计，地址__________________________，用途____________________________，建筑面积____________平方米。设计收费按建筑面积计算。

二、甲方委托乙方承担室内设计，设计收费标准为每平方米________________________元，收取设计费共计人民币__________________________元。

三、甲方应在签订合同之日首期付 50% 设计费，并与乙方约定上门测量的时间和地点。乙方在测量后 12 天内完成初步设计方案，提供包括平面布置图、顶面布置图及局部效果图各一张。

四、甲方与乙方经过沟通对乙方完成的初步设计方案达成一致后，填写方案进程表(见附件)，并由双方签字确认。甲方应支付设计费余款，乙方应在________年______月______日至______年____月______日共______天内完成全套装潢设计图及施工图纸。

五、甲方所付的设计费不包含变动建筑主体等的结构设计。甲方如需变动建筑主体、增加房屋负荷，必须由原设计单位或具有相应资质等级的设计单位出具施工图，并报请物业及相关部门书面同意后，方可进行室内装饰设计。

六、全套图纸完成后，甲方如有更改意见，再与乙方沟通。乙方根据协商方案，绘制更改图纸，再次填写方案进程表，由双方签字确认。甲方如要求乙方修改图纸，图纸完工时间顺延或由双方另行约定。

如果甲方推翻原设计方案，要求重新修改设计方案，应协商增加相应的设计费，并另行约定设计时间及进程、签订补充协议。

七、双方在对设计方案和图纸确认后，甲方必须签字认可，乙方必须将整套图纸交给甲方并办理交接签证手续。

八、施工过程中，乙方应委派设计师去现场进行一次性放样及施工方案交底，并不少于三次去现场指导施工，以达到设计效果。

九、违约责任:

1. 乙方未在约定时间内完成设计图且延期时间在 20 天内的，每延期一天应当支付给甲方设计费总价的 3% 的违约金。

2. 乙方未在约定时间内完成设计图且延期时间在 21 天以上的，甲方有权解除合同，乙方应退还甲方的设计费用，并支付给甲方设计费总价的 50% 的违约金。

3. 乙方无故终止合同，除退还甲方所交的设计费用外，还应支付给甲方设计费总价的 50% 的违约金。

4. 乙方完成初步设计方案后，如甲方不愿再履行合同，乙方不退还已收的设计费，但必须交给甲方平面布置图、顶面布置图及手绘局部效果图各一张。

十、本合同中如有未尽事宜，由双方协商解决，也可向上海市室内装饰行业协会申请调解或向上海市消费者权益保护委员会投诉。当事人不愿通过协商、调解解决，或协商、调解不成时，可以采取以下第______种方式解决：

1. 向上海仲裁委员会申请仲裁。

2. 向人民法院提起诉讼。

十一、本合同一式两份，双方各执一份。本合同包括合同附件、补充协议，经甲、乙双方签字或盖章后生效。

十二、双方约定以下补充条款：

1.

2.

3.

甲方（盖章）乙方（盖章）

地址：地址：

电话：电话：

________年____月____日____年____月____日

课程实践环节：

结合实践单位（实践基地）进行具体工程项目前期市场调研、资料收集整合训练工作。

具体要求：

以小组为单位（最好不要超过3人）进行实践项目训练，要求有实景市场调研图片、过程记录、最终协调市场调研报告、设计进度表并一同进行汇报（以PPT幻灯片形式）。

第三章 商业办公空间方案设计

学习目标：了解在设计准备阶段的基础上，进一步收集、分析、运用与设计任务有关的资料与信息，构思立意，进行方案的深入设计以及分析与比较；确定设计方案，提供设计文件；要求学生在设计准备阶段的前提下，进行具体方案设计的制作。

学习重点：主要掌握商业办公空间的设计与规划，灵活运用空间的分割、重组来实现功能分区，懂得商业办公空间的色彩应用、采光和照明设计的有效结合以及办公家具的陈设利用。

学习难点：对商业办公空间的设计与规划的整体把握，注重商业办公空间中色彩、采光、照明设计的综合表现和实践效果的检验。

第一节 商业办公空间的设计与规划

商业办公空间设计中，满足商业办公的使用功能是一个重要的出发点。随着我国经济、社会和科技的快速发展，在办公环境上，我们已经从过去的简陋办公台、算盘计算发展到现在以高级商业写字楼、办公设备自动化为主流的阶段。人们对办公环境需求的层次越来越高，需求的内涵也越来越丰富。办公室的布局、人流线路、通风、采光、色彩、照明等等的设计适当与否，对工作人员的精神状态及工作效率影响很大。如何进行商业办公空间的设计与规划，营造一个良好的办公环境，为人们提供充分发挥潜能和创造力以及舒适、环保的工作场所，是我们每一个从事室内设计的工作者不断追求的目标。

一、商业办公空间的基本构成

商业办公空间的空间构成主要由主要办公空间，会议室、接待室等公共接待空间，公共走道、电梯厅、楼梯等交通联系空间，卫生间、清洁房、开水房等服务空间，和水、电、气、通讯通信电缆等管道空间几部分组构而成。（图 3–1）

二、商业办公空间设计与规划的依据

商业办公空间设计与规划的依据主要从管理使用要求、技术条件要求、环境要求和审美心理要求等方面进行考虑。

1. 管理使用要求主要指空间功能与面积之间的比例。办公、服务、附属设施等各类用房之间的面积分配比例和管理使用要求，以及办公、服务、附属设施等规划分配的平面尺寸。

表3–1 所示为国家关于办公楼用房的定额标准，表3–2 所示为欧美国家不同工作岗位的办公空间面积要求。

2. 技术条件要求主要指办公空间受到原建筑结构的制约、防火分区及安全疏散的基本要求等。空间使用功能复杂，设备种类繁多，人员集中，为保证安全，关于防火分区的一般要求为：高层一类建筑，每层每个最大允许 1 000 平方米，设有自动灭火设备的防火分区的面积可增加一倍，达到 2 000 平方米。从安全疏散和有利于通行的角度考虑，接待、会客以及会议室和多功能厅等人员较为集中的房间应布置在出入口附近。标准层内房间门至最近的外部出口或楼梯间的最大距离：位于两个安全出口之间的房间为 40m；位于袋形走道两侧或尽端的房间为 20m。另外，走道过长时宜设采光口，单侧设房间时走道净宽应大于 1.3m；双侧设房间时走道净宽应大于 1.6m，走道净高不得低于 2.1m，见表 3–3 所示。

图 3-1 平面布置图，反映整体空间布局 全兴汽车设备设计制作有限公司 赵幸辉设计

表 3-1　国家关于办公楼的常用的定额

室　　别	面积定额(m^2/ 人)	附　　注
一般办公室	3.5	不含走道
高级办公室	6.5	不含走道
会　议　室	0.8	无会议桌
	1.8	有会议桌
设计绘图室	5.0	—
研究工作室	4.0	—
打　字　室	6.5	按每个打字机计算　(包括校对)
文　印　室	7.5	包括装订、贮存
档　案　室	—	按性质考虑
会　议　室	—	20平方米～40平方米
计算机房	—	根据机型及工艺要求确定
电　传　室	—	10 平方米
厕　　所	男：每 40 人设大便器一个，每 30 人设小便器一个	
	女：每 20 人设大便器一个，每 40 人设洗手盆一个	

表 3-2　欧美国家关于不同工作岗位的办公空间面积要求

办公空间类型	使　用　者	办公面积指标(m^2)	可能的办公桌尺寸(m)
独立办公间	高级行政领导合伙人	20～30	(1.8～2.0)×(0.8　～1.0)
	部门经理	15～20	(1.6～1.8)×(0.8～1.0)
	项目经理	10～15	(1.6～1.8)×(0.8～1.0)
小组办公	从职人员	3～12	(1.6～1.8)×(0.3～1.0)
大组办公	从职人员	8～10	(1.6～1.8)×(0.8～1.0)
开放空间办公	从职人员	8～10	(1.6～1.8)×(0.8～1.0)
开放空间办公	秘书、打字员、管理员	5～9	(1.2～1.0)×(0.6～0.8)+(0.8～1.2)×0.6
开放空间办公	财　务	7～9	(1.2～1.0)×(0.6～0.8)+(0.8～1.2)×0.6
成组空间	商　务	5～10	(1.5～1.8)×(1.0～1.1)
接待会议空间	所有成员	1.5～2/人	(1.5～1.8)×(1.0～1.1)

表 3-3　办公室空间与通道口空间规划参考标准

空间规划项目名称	尺寸 / mm	备　　注
办公室空间高度	2 200～2 500	技术层利用或高空间加层
办公室空间高度	2 500～2 800	标准办公空间或计算机房
办公室空间高度	3 200～3 500	开放式办公室
办公空间开门	800～2 100	卫生间　杂物间
办公空间开门	900～2 100	标准办公间
办公空间开门	900～2 100	标准办公间
办公空间开门	900～2 400	带上方副窗
办公空间开门	1 000～2 100	大尺度单门可作会议室门
办公空间开门	1 200～2 100	小尺度双门可作会议室门
办公空间开门	1 500～2 100	大尺度双门可作会议室门
办公空间开门	1 800～2 100	低尺度双门可作会议室门
办公空间开门	1 800～2 400	标准双门可作会议室门
办公室入口	2 400～2 400	标准大门 双门
办公室入口	2 400～2 700	带副窗大门临通道入口 双门
临通道	2 700～3 000	带副窗临通道入口 双门
临主通道	3 000～3 000	带副窗、副门临通道入口 双门

表 3-4　办公用房采光系数要求

窗地比	房间名称
≥1∶4	办公室、研究工作室、打字室、复印室、陈列室
≥1∶5	设计绘图室、阅览室等
≥1∶8	会议室
注：窗地比为该房间直接采光侧窗口面积与该房内地面面积之比	

3. 环境要求是指提高办公空间的室内环境质量的设计要求，亦是现代办公空间设计的发展趋势，要求绿色环保。现代办公空间均为高层，很少能全部依靠天然采光，合理的天然采光是提高空间环境质量的重要手段。通常单面采光的办公室的进深不大于 12m；面对面双面采光的办公室两面的窗间距不大于 24m。有关办公用房采光系数的要求如表 3–4 所示。

另外，如何创造舒适、健康、环保、节能的办公室空间，同样是办公空间室内设计应充分考虑的内容。办公空间环境污染主要来源于由建筑材料、装饰材料、日用化学品、香烟烟雾以及燃烧产物所产生的化学污染，由细菌、真菌、病菌、花粉和尘螨等引起的生物污染，以及放射性污染、电磁辐射污染等。努力避免或降低上述各种污染，从而在装修设计、材料选择、植物配置等方面加强办公空间环境的和谐化、人性化。

4. 现代办公空间不仅要满足基本生理的需要，还需要营造舒适、高效的办公空间环境。审美心理的要求对研究人在工作过程中的心理需求，引导其情绪和行为也是非常重要的。现代办公空间设计在合理使用空间的基础上，更注重最大限度地发挥人与空间的互动性，从单纯的满足功能的需要到对人的创造性思维的触发。满足行为与心理的多重需要已成为设计理想办公空间的出发点。

（1）对个人空间的需要。个人空间并不是呈球形向四周等距离延伸的，而是呈椭圆球形的，一般人们对身体正前方和上方所需的个人空间的尺度敏感，受干扰程度大；身后尺寸较小，受干扰程度小。另外，个人空间的尺度，形状的界定，还会因人们性别、年龄、文化、心理素质的差异而有所区别（图 3–2）。在办公空间设计中，当设计为个人提供的单独工作、阅读、思考、待候等不希望与他人发生交往关系的行为空间时，应充分考虑个人空间需要的心理尺度，才能给人以舒适、安定的感受，才能避开干扰，提高工作效率和质量。

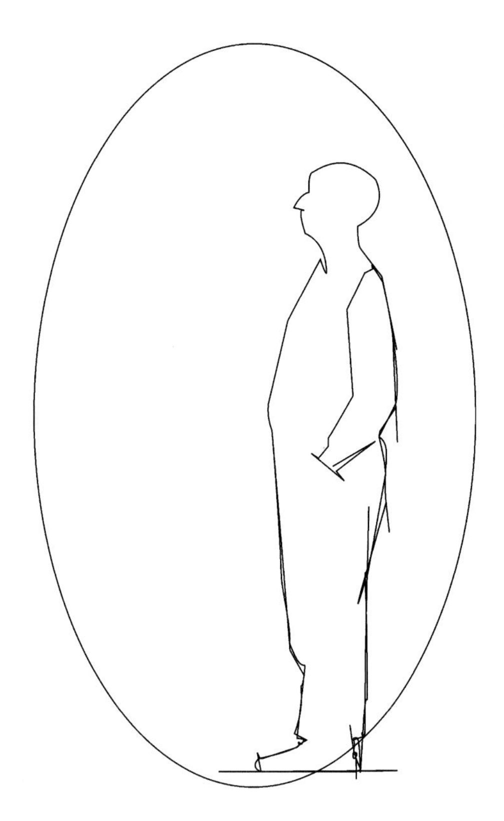

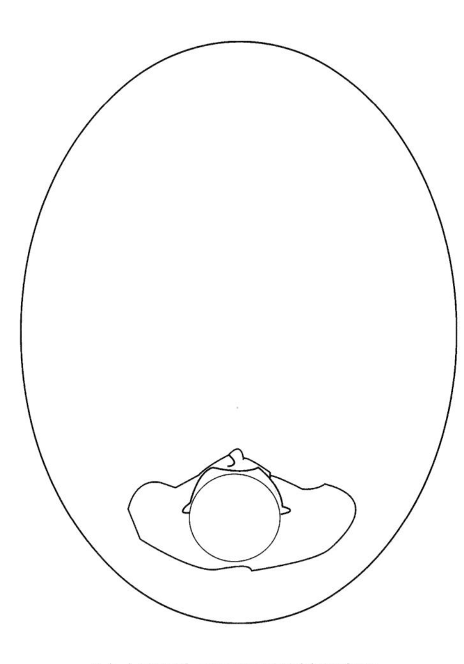

“个人空间”呈不规则的椭圆球状

图 3-2 个人空间的需要

（2）对适当的人际距离的需要。人们在工作中进行诸如交谈、会话等面对他人的行为时，需要与对方保持恰当的距离，这种人际距离的需要也是空间规划的需要。根据 E. 霍尔等人的研究成果，把人与人相处时所采取的距离概括为五个领域，一是“排他域”，约 0.5m，通常不愿让他人进入这个范围；二是“会话域”，约 0.5 ~ 1.5m，进行正常的会话交谈；三是“接近域”，约 1.5 ~ 3m，可以进行对话，双方视线不容易重合；四是“相互认识域”，约 3 ~ 20m，相互明白对方表情，可以进行问候；五是“识别域”，约 20 ~ 50m，可以知晓对方是谁。（图 3-3）

（3）恰当的位置关系。人们之间的交往关系不仅表现在距离上，还与交往双方身体的朝向有很大关系。R. 索玛对人们在圆形或方形桌子就座时，个人和朋友进行交谈、协作、同时作业等情况下选择什么样的位置关系做了调查与实验。（图 3-4，图 3-5）

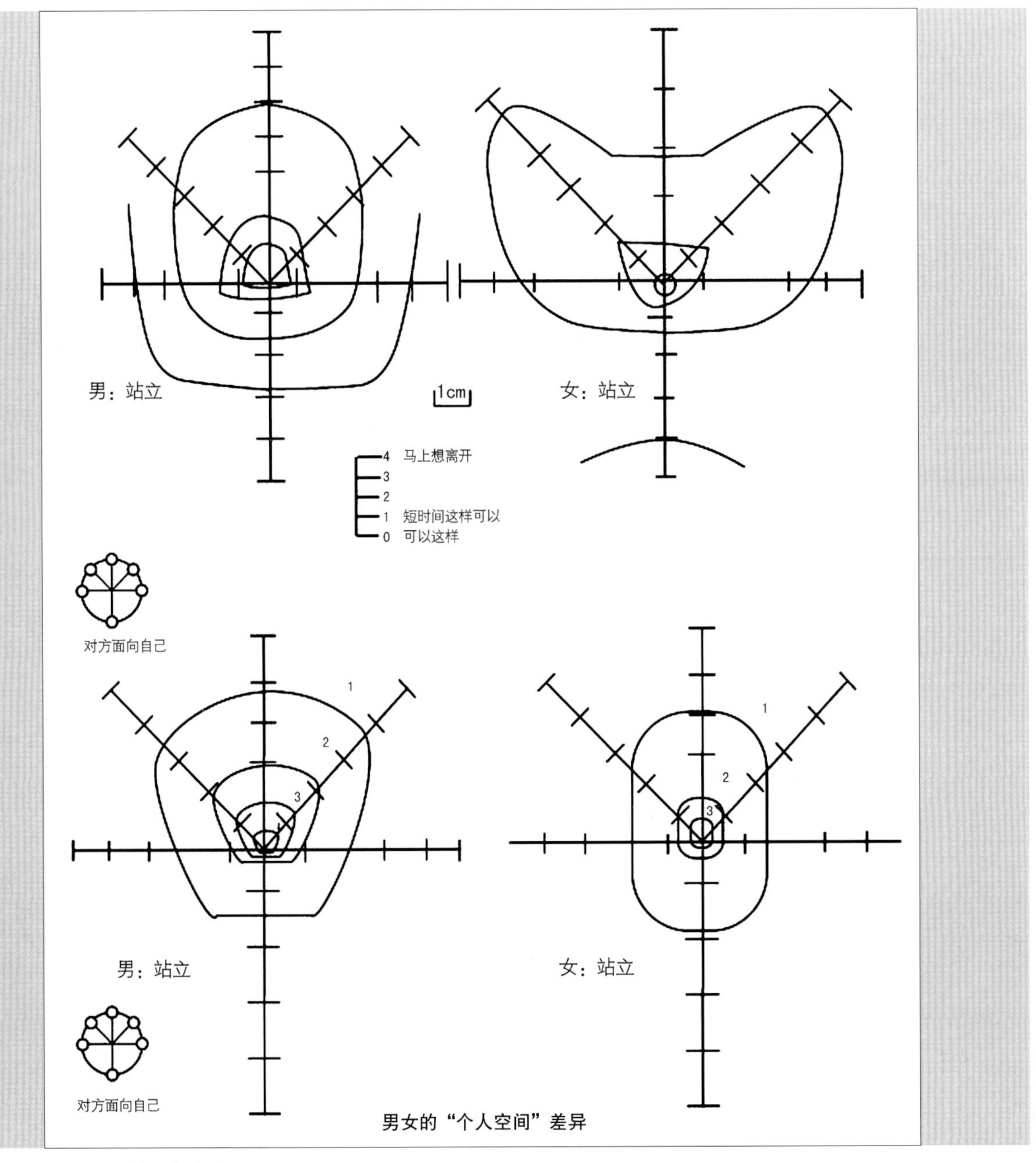

图 3-3 人的距离需要

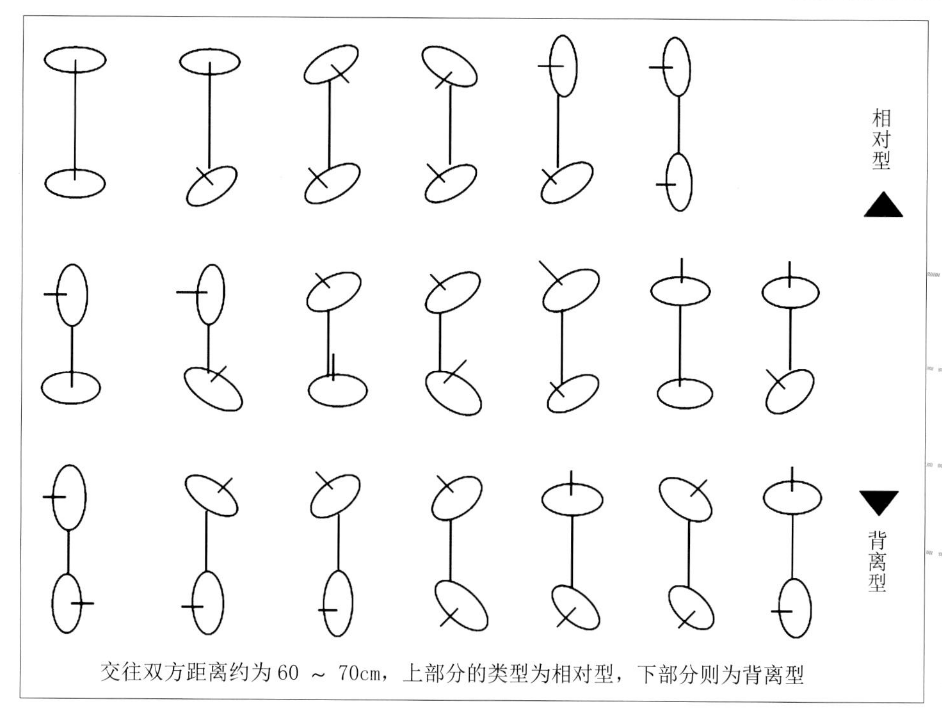

交往双方距离约为 60 ～ 70cm，上部分的类型为相对型，下部分则为背离型

图 3-4 位置关系

布置	条件 1（会话）	条件 1（协作）	条件 1（同时作业）	条件 1（竞争）
	42	19	3	2
	46	25	32	41
	1	5	13	20
	0	0	3	5
	11	51	7	8
	0	0	13	18
合计	100	100	100	99

根据 R. 索玛的调查，对矩形桌子旁的座位的选择

图 3-5 位置关系

三、商业办公空间领域界定

商业办公空间的方案设计中空间领域的界定很重要。空间领域指为特定行为提供的一个区域。空间领域的界定包括了三种形式：一是封闭的独立空间，如高层办公室、会议室都是不同的空间领域；二是半封闭的敞开空间，如综合办公区域界定，通过办公设备细分成单元工作区域；三是全开放的敞开空间，这种形式功能分区相对比较模糊，但由于空间设计上的暗示，形成相对独立的空间领域，如大厅的地面中心图案，可以确立大厅的视觉中心位置等。

在办公空间环境中对某一特定空间领域界定的明确程度和界定方式，对引导视线、暗示心理、规范行为具有非常积极的作用。空间领域界定的常用方法有：以地面的高差、材质、图案变化界定空间，以天棚造型、灯光布置界定空间，以立面分割变化以及色彩心理效应处理界定空间。

1. 以地面界定出空间领域，常用的手法为适当地抬升或降低特定功能空间的地面，在地面的材质、色彩、图案处理上有意识与外界形成区别等。（图 3-6，图 3-7，图 3-8）

图 3-7 利用地毯和地板色彩的差别构成完整的洽谈空间 韦斯特·韦恩，汤普森，文图利，斯坦巴克及合伙人设计

2. 以天棚界定出空间领域。天棚的造型和灯光布局设置会产生较强烈的视觉效果，特别是造型对比较强、灯光较为集中的区域，很容易界定出一个相对的空间领域。（图 3-9，图 3-10）

3. 以立面界定出空间领域。空间的立面处理为空间领域的界定提供了很多方式：一是利用线型装饰墙面暗示一特定“面”的存在，而“面”的完整性取决于装饰性元素的距离和延续的程度；二是以单立面界定出相对空间领域，通过单立面将原整体空间领域一分为二，这种方式应用较多，立面可固定，可移动；三是利用平行双立面界定空间领域，空间的流动朝向两端开口，使不同的空间维度比形成了不同程度的流动感；四是以垂直双立面界定空间领域，通过垂直双立面界定出一个以对角线延伸发展的空间领域；五是以 U 型立面形成半围合的空间领域，具有一定的朝向性、稳定性；六是全包围向心空间领域，与外界完全分离，形成独立、完整的空间领域。（图 3-11，图 3-12，图 3-13，图 3-14，图 3-15，图 3-16）

图 3-6 提高平台，让来宾可以感受到尊贵的王者风范 美商洋行（东莞）办事处 BH Interior 设计

图 3-8 抬高地面的独立全开放办公空间 香港时霸·深圳诺德中心写字楼 明光华等设计

图 3-9 利用天棚和展柜搭建完美陈列岛 珍珠廊——田畸珍珠陈列室暨办公室 JCF International Ltd 设计

图 3-10 利用顶灯和地砖图案构建统一大厅形象 华比银行 建文设计公司 文剑芳设计

图 3-11 线型装饰墙的应用 3M 台北办公室二楼 欧阳逸新等设计

图 3-12 单面的分割 特格国际公司 周嵩设计

图 3-13 平行双立面的空间构成 富临设计顾问有限公司设计

图 3-14 垂直双立面空间的构成 内田洋行有限公司 Kenny Chim 等设计

图 3-15 U 型立面空间的构成 捷能特国际公司 MBT 建筑公司设计

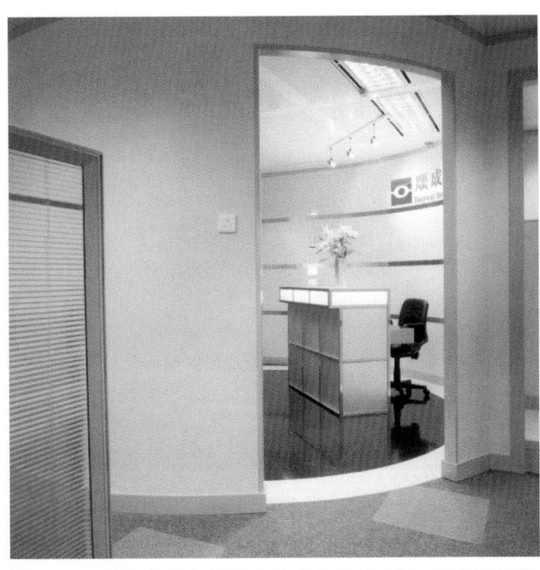

图 3-16 利用柱形包围形成独立完整的空间 顺成国际集团 R.C. Interior Design Ltd 设计

四、商业办公空间的组合

商业办公空间组合的设计以办公空间的平面形态、核心空间在整体空间中所处的部位和办公机构的工作流程等要求为依据。

1. 基于平面形态对空间组合的影响：常见平面形态有点状平面、带状平面和交叉形平面。

点状平面其空间组合较为灵活、丰富，可适用于不同的空间划分需求，可大、可小。带状平面采光通风较好，一般采用中走廊，空间组合灵活性差。交叉形平面其空间组合也较灵活，且各部位独立性强，同时具有较好的采光通风条件。（图 3–17，图 3–18，图 3–19）

2. 核心部对空间组合的影响：核心部在标准层平面中的位置一般分为中央型、偏心型、分设型、外围型等。

中央型即核心部位于标准层中心。主要特点是交通组织联系极为便捷，主要办公空间均能享受到自然光线，空间组合及办公空间布置灵活，便于各种需求的分隔，但存在交通面积过大，办公空间进深受到限制的缺点。（图 3–20）

偏心型即核心部虽在标准层内部，但偏离中心部位。其特点是主要办公空间亦能获得天然光线，适合不同进深需求的办公空间，利于多组团队工作及敞开大空间和秘密性强的小空间使用的组合需求，满足不同客户的使用要求，灵活性也较强，但也存在着局部交通联系路线过长的问题。（图 3–21）

分设型是指核心部分开设置，解决了中央型的交通面积占用过多和偏心型局部交通联系不便的问题，其空间组合也具有较大的灵活性。（图 3–22）

外围型是指核心部位于标准层平面的一侧、两侧或印角部，方便不同客户的分布，并提供了较大的办公室进深，其空间组合达到了最大的灵活性，但可能存在贴近核心的办公区得不到天然采光的缺点。（图 3–23）

3. 工作流程对标准层空间组合的影响：对工作流程的分析和研究是标准层室内空间组合的主导因素。

一般工作流程：通常设计良好的办公空间应符合直线原则，即工作的进展应沿一系列的直线向前移动，避免交叉和后退。当然工作流程应符合实际办公模式和办公组织系统的需求。

主要的办公空间有：接待和秘书室、会议室、会客室、公司及部门领导的办公室、员工办公室、档案室、复印室、工作餐室及备餐室、贮存室、样品展示陈列室、邮件室等。

4. 空间组合的一般原则。

（1）方便对外联络：需接受大量来访者的空间应临近主入口。

（2）方便内部联系：有密切工作关系的办公空间应布置在相近的位置。

（3）避免相互干扰：对易产生噪声干扰的办公空间应集中布置；注意“闹”与“静”的分区和间隔。

（4）集中用途的内容应居中：为整个办公空间服务的部分及设施在布置时，应位于中心位置，便于办公人员使用。

（5）注意“内”“外”有别：在办公空间中某些机要部门应同一般办公空间相隔离。

图 3-17 点状形态 自由灵活 马赛克公司 利特尔多元建筑顾问公司设计

图 3-18 带状形平面组合 卡伯特公司 佐佐木事务所设计

图 3-19 交叉形平面组合 充分利用自然光 费尔德曼＋基汀格联合公司 布郎，瑞斯曼，米尔斯坦，费尔德和斯丁纳设计

图 3-20 围绕中心楼梯设立办公区 奥尔多集团 艾迪费卡建筑＋设计

图 3-22 分立设置中央工作区与独立办公区 雅达宁室内有限公司 Nick So 设计组设计

图 3-21 偏心型办公空间组合 道亨银行及国浩集团 李柏有限公司设计

图 3-23 分两侧设立办公区 盛世长城国际广告 思联建筑设计有限公司

第二节　商业办公空间的形态表现

商业办公空间是由诸多界面组成的三维空间，界面的形状、比例、尺度、样式的变化，营造了办公空间的功能区域和风格特点，而界面的变化又体现在对点、线、面、体等基本构成要素的应用上。点、线、面、体在办公空间中的独特表现形式，形成了办公空间形态表现的不同视觉效果。

一、点的运用

点的概念是相对的，一般来说点是小而趋向圆的东西，越小、越圆，点的感觉越强。在办公空间中，点的运用是非常多见的，一个形象标志、一幅画、一盏灯、一件家具等，相对整个空间都是点的要素。可以通过点的特性与点的多少、形状、大小、位置、虚实、疏密的变化，来实现形象的树立、空间的分割、情感的表达。（图 3–24，图 3–25，图 3–26，图 3–27）

二、线的运用

线是点运动的轨迹，是相对点而言的。线可以分为具有方向性的直线和不定方向性的曲线。在办公空间中线的运用更是多见，空间结构线和顶棚线的组织、界面装饰线的构成等，都是线的要素。可以通过线的特性与线的形状、粗细、排列的变化，来实现空间的分割、情感的表达。（图 3–28，图 3–29，图 3–30，图 3–31，图 3–32）

图 3-24　点的流动　新加坡经济发展局总部 phillips connor 设计

三、面的运用

面是点的扩大和集合，是线的移动，也可被看成是体或空间的界面。办公空间设计中可以通过面的特性与面的外轮廓形态、外轮廓线的闭合程度以及面的虚实来限定体积或划分空间界限，主要表现在顶面、墙立面、地面等。形式主要有：直面，现代办公空间设计中大多数的地面、墙面、办公设备等造型都是以直面为主的，直面的利用能达到完整、整洁、严谨、规范的综合效果，但表现不好会产生一种呆板、生硬、平淡无奇的效果。斜面可以给规整空间带来变化，使人产生活泼、透视感，具有一定视觉引导性。曲面同样常见，有垂直方向和水平方向，给人一种活泼、速度、动感，能充分地体现人性化特征，具有对人的视线与行为的引导性。（图 3–33，图 3–34，图 3–35，图 3–36）

图 3-25 装饰灯以点的形式装点共性空间　英特斯菲尔　艾伦·盖纳公司设计

四、体的运用

体是由面的形状和面之间的相互关系所决定的，这些面表示着体的界限。体可以是实体，也可以是虚体。体的形态反映着空间的尺寸、大小、尺度关系以及颜色和质地，表现空间与形态之间的共生关系。办公空间设计中，造型特征更多的是体、面、线、点相结合，其具有一定的主导地位。（图 3–37，图 3–38）

图 3-26 空间点的运用 马赛克公司 利特尔多元建筑顾问公司设计

图 3-27 标志以点的形式出现在立面白墙上，加强视觉冲击力 道亨银行雪厂街支行 香港国际建筑师楼设计

图 3-28 地板以线的形式装点，结合家具点，构成一完整空间 卡伯特公司 佐佐木事务所设计

图 3-29 线的应用加强空间张力 建设银行花木培训中心大楼 Artwave Decoration & Design Co.Ltd 设计

图 3-30 线的交错穿插 Hogan Group 办公室 San Iterriors 设计

图 3-31 力量与线条的完美结合 某贸易公司办公室 康延补设计

图 3-32 线形空间的应用 深圳星河第三空间 姜峰设计

图 3-33 曲面与直面相结合 海港建材有限公司 建艺设计有限公司设计组苏泽沛、郑志恒设计

图 3-34 以顶的块面分割空间 沃尔特·迪士尼特色动画公司 DMJM 罗泰特设计

图 3-35 曲面的利用，使空间更灵动 卡伯特公司 佐佐木事务所设计

图 3-36 曲面的应用 创意办公室 通成推广有限公司 林伟而等设计

图 3-38 通过钢化玻璃实现体感分割相对独立 创意办公室 通成推广有限公司 林伟而等设计

图 3-37 空间体的应用 世界邻居协会 艾略特+联合建筑师公司设计

第三节　商业办公空间的色彩与照明设计

商业办公空间的色彩设计、照明设计是整体方案设计中创造视觉效果、调整气氛和情感表达的重要因素。同时，利用色彩、照明会使人产生生理和心理上的错觉，成为调整空间、美化环境的重要手段。

一、商业办公空间色彩设计

1. 商业办公空间中的色彩

（1）办公空间总体色彩的把握

这一部分工作应从方案设计构思阶段开始。材料本身的色彩、办公家具的色彩以及照明色彩都应整合考虑。其中色彩的色相选择很重要，需要使企业特性与企业整体形象相吻合。办公空间是人们集散及工作之地，应强调统一性，配色时用同一色相，变化其明度进行配色较为合适。多以中性色为主，避免色彩过敏性。强调色彩对比，凸现主体色彩。利用装饰色彩，构建丰富空间环境。（图 3-39，图 3-40）

图 3-39　橙蓝色的对比　美国马萨诸塞州剑桥　埃尔克斯曼弗雷迪建筑师有限公司设计

图　3-40　整体空间通过不同纯度的蓝色进行着色，构成蓝色科技　美国 excite@home 公司　艾伦·盖纳公司设计

（2）办公空间各部分配色

一是墙面色。墙面色彩对创造空间气氛起支配作用。墙面的色彩不同对人的影响也不同。无论是从色相、明度、纯度、色性哪个方面都可以表现出不同的效果。如红色波长较长，视觉刺激性较强，给人一种激情、热烈、冲动感；明度较低色彩易产生抑郁感、沉重感等等。对其色彩的选择必须考虑空间的功能效应、人员的心理效应等因素。（图 3-41）

二是地面色。地面色彩不同于墙面色彩，由于人的行走特性，大多数采用同色系，强调明度的对比效果。（图 3-42）

三是天棚色。天棚一般以较为明亮的色彩为主，接近白色。若与墙面色彩为同一色，应比墙面色彩的明度高些。（图 3-43）

四是家具色。家具色要么和墙面、顶棚色彩同一色系，要么就成互补。（图 3-44）

2. 商业办公空间的色彩运用

无论从色彩的哪一方面进行商业办公空间设计，都要突出色彩的统一性、完整性。离开这一点，配色方案再好也是无济于事的，不具有运用性。

（1）同一色在商业办公空间色彩设计中的运用

同一色选择，使整体空间具有明确的、统一的色彩效果。在设计中，充分发挥明度与纯度的变化，利用黑、白、灰中性色进行调配，明确突出色彩特征，使整体空间色彩非常明朗、简洁、开阔。（图 3-45，图 3-46）

（2）类似色在商业办公空间色彩设计中的运用

类似色用于办公空间的色彩设计中会使人感觉到一种在统一中求变化的视觉效果，使整体空间色彩非常统一、和谐。（图 3-47）

图 3-41 蓝色墙面的空间分割整体统一 美国 excite@home 公司 艾伦·盖纳公司设计

图 3-42 红色和银色的结合，株式会社电通香港支社 FDC 设计

图 3-43 天棚和立面墙相得益彰 文图利、斯坦巴克及合伙人设计

图 3-44 红色的家具点缀空间 辛格勒无线通讯 克林公司设计

图 3-45 统一蓝色调的工作区 耐克（苏州）体育用品有限公司 思联建筑设计有限公司 林伟而、鲁思·奥利弗设计

图 3-46 洁白、明亮的色彩构建淡雅舒适的空间 顺成国际集团 R.C.Interior Design Ltd 设计

（3）对比色在商业办公空间色彩设计中的运用

对比色用于办公空间的色彩设计中，一般采用黑白对比。其他色彩的对比需要考虑对比色彩本身特性以及位置、面积等因素。对比色的运用使整体空间色彩更加生动、活泼。（图 3–48）

（4）照明因素在商业办公空间色彩设计中的运用

以上我们讨论的色彩主要是在日光下反映出来的。在办公空间中，往往还需要人工照明来辅助采光，特别在晚上，则完全依赖于人工照明。所以，我们在进行色彩设计时还应考虑照明对色彩的影响，见表 3–5 和表 3–6 所示。

图 3-47 灰色调类似对比，空间很统一 Walker Shop Footwear Ltd 域仕设计有限公司设计

图 3-48 墙体与家具色彩用对比色，明确功能分区 内田洋行（香港）有限公司 詹路雄设计

表 3-5　钨丝灯色光照射下物体色彩的变化

光色 / 物体色	红	黄	蓝	绿
白	明亮桃红	明亮黄色	明亮蓝色	明亮绿色
黑	红头黑色	暗橙色	蓝黑色	绿头黑色
鲜蓝	红头蓝色	亮红头蓝色	纯蓝色	绿头蓝色
深蓝	深红色紫色	红头绿色	亮蓝色	暗绿头蓝色
绿	橄榄绿	黄绿色	蓝绿色	亮绿色
黄	红橙色	亮橙色	褐色	亮绿头橙黄色
茶	红褐色	茶色头橙色	蓝头茶色	暗茶绿色
红	大红色	亮红	深蓝头红色	黄头红色

表 3-6　荧光灯照射下物体色彩变化

色相	物体色	在荧光灯下所具色	色相	物体色	在荧光灯下所具色
红	红	浅红	橙	浅橙	浅黄头的橙色
红	浅红	胡萝卜红色	橙	浅褐橙	浅橙
红	小豆红	红褐	橙	浅黄	浅蛋黄
橙	红砖红	浅红头的橙色			

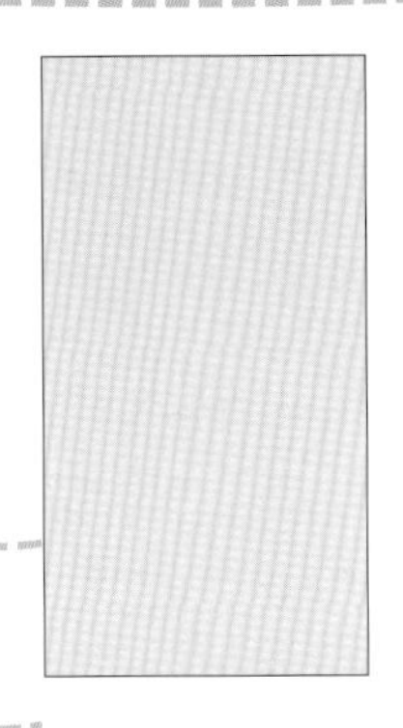

图 3-49 基本工作的照明需要 台湾证券投资顾问公司 王鼎设计

图 3-50 通过灯光突现企业形象 乌尊和凯斯·汤普森，文图利等设计

二、商业办公空间照明设计

照明是办公空间设计的重要内容和组成要素之一，它不仅满足人们对采光的基本需要，还是美化环境和创造室内气氛的重要手段。

1. 商业办公空间照明设计的特点和种类

在办公空间设计中，依据灯具的布置方式可把照明分为基本照明、重点照明、装饰照明以及混合照明四种。

（1）基本照明是指在工作区域中不考虑特殊的局部需要，灯具均匀地分布在被照区域的上空，在工作活动空间内形成均匀的照度。其特点是光线较均匀，能使空间显得宽敞明亮。这种照明使室内布置较自由，有利于灯具、空调、消防喷头等统一布置。（图 3-49）

（2）重点照明是指在工作需要的地方设置灯具，以满足相应的标准需要。这种照明方式往往也用在虚拟空间的创造上。但如果工作区域与周围环境对比强烈，单独使用这种照明易产生眩目和视觉疲劳的现象。见表 3-7 和表 3-8 所示。（图 3-50）

表 3-7 亮度比的推荐值

	办公室		办公室
工作对象与周围之间（例如书与桌子之间）	3 ∶ 1	照明器或窗与其附近之间	10 ∶ 1
工作对象与离开它的表面之间（例如书与地面或墙壁之间）	5 ∶ 1	在普通的视眼内	30 ∶ 1

表 3-8 照明器与眩光

照明器	眩光
外露型照明器	随房间进深的增大，眩光也变大
下面开敞型照明器	随房间进深的增大，眩光也变大
下面开敞型半截光照明器	（带遮光罩，保护角 15°）眩光增加不多，当眩光程度在适中时，非常适用于办公室等的一般室内照明
镜面型截光照明器（带遮挡）	眩目最少，适用于对眩光限制有特殊要求的场所
镜面型截光照明器（不带遮挡）、带棱角镜板型照明器	均具有限制眩光的效果
带塑料格片、金属格片的照明器	均有限制眩光的效果，但灯具效率低

（3）装饰照明是指为创造视觉上的美感效果而采用的照明方式。这种照明方式一般在指引性空间及大厅、高级行政人员办公室内采用。（图3-51）

（4）综合照明是在整体照明的基础上，视不同需要所增加的装饰照明。这既能满足室内环境有一定的亮度，又能满足工作面上或特殊工作场所的照度标准需要，因而在现代化办公空间室内设计中这种照明方式较为普遍。（图3-52）

3. 商业办公空间照明设计的运用

在商业办公空间的照明设计中，好的照明设计运用不仅为特定空间提供照明的条件，而且是室内环境设计中重要的装饰手法。

（1）商业办公空间照明设计的原则

一是功能性原则。灯光照明设计必须符合功能的要求，根据不同的空间、不同的场合、不同的对象选择不同的照明方式和灯具，并保证恰当的照度和亮度。例如：会议大厅的灯光照明设计应采用垂直式照明，要求亮度分布均匀，避免出现眩光，一般宜选用全面性照明灯具。（图3-53，图3-54）

二是美观性原则。灯光照明是装饰美化环境和创造艺术气氛的重要手段。为了对室内空间进行装饰，增加空间层次，渲染环境气氛，采用装饰照明，使用装饰灯具十分重要。灯具不仅起到保证照明的作用，而且对其造型、材料、色彩、比例、尺度十分讲究，灯具已成为室内空间不可缺少的装饰品。灯光设计师

图 3-51 白色装饰灯与接待柜台相对应 Quamnet San Interiors 设计

图 3-53 飞利浦 Actilume 系统，15 分钟内没有任何人员活动就自动关闭电源

图 3-54 飞利浦 Actilume 系统，根据时间光线要求，改变光源

图 3-52 综合利用自然光、人造光，柔和装饰空间，打造华丽会议空间 DSM 总部多功能接待室 Maurice Ment jens 设计

通过灯光的明暗、隐现、抑扬、强弱等有节奏地控制，充分发挥灯光的照明和色彩的作用，采用透射、反射、折射等多种手段，创造出诸如温馨柔和、宁静幽雅、怡情浪漫、光辉灿烂、富丽堂皇、欢乐喜庆、节奏明快、神秘莫测、扑朔迷离等艺术情调气氛，为人们的生活环境增添了丰富多彩的情趣。（图 3-55，图 3-56）

三是经济性原则。灯光照明并不一定以多为好，以强取胜，关键是科学合理。灯光照明设计是为了满足人们视觉生理和审美心理的需要，使室内空间最大限度地体现实用价值和欣赏价值，并达到使用功能和审美功能的统一。华而不实的灯饰非但不能锦上添花，反而画蛇添足，同时造成电力消耗、能源浪费和经济上的损失，甚至还会造成光环境污染而有损身体的健康。（图 3-57）

四是安全性原则。灯光照明设计要求绝对地安全可靠。由于照明来自电源，必须采取严格的防触电、防短路等安全措施，以避免意外事故的发生。

（2）室内照明设计的参考程序

第一步，明确照明设施的用途和目的。明确环境的性质，如作为办公室、会议室、接待室确定照明的目的，确定需要照明设施所达到的目的，如功能或气氛。

第二步，确定适当的照度。根据照明的目的或者使用要求确定适当的照度；根据使用要求确定照度分布；根据活动性质、活动环境及视觉条件，选定照度标准。

第三步，照明质量。考虑视野内的亮度分布，室内最亮的亮度，工作面亮度与最暗面亮度之比，同时要考虑主体物与背景之间的亮度与色度比；光的方向性和扩散性，一般需要有明显的阴影和光泽面的光亮场合，选择有指示性的光源，为了得到无阴影的照明应该选择有扩散性的光源；避免眩光，光源的亮度不要过高，增大视线和光源之间的角度，提高光源周围的亮度，避免反射眩光。

第四步，选择光源。考虑色光效果及其心理效果，需要识别色彩的工作地点及自然光不足的空间界定，同时要注意被照物的变色与变形，室内装饰与色彩效应、环境气氛的关系，以及发光效率的比较，一般功率大的光源发光效率高，一般荧光灯是白炽灯的3~4倍。

第五步，确定照明方式。根据具体要求选择照明类型，按活动面上的照明类型分类：直接照明，半直接照明，漫射照明（完全漫射照明及间接照明），半间接照明，间接照明，吸顶灯漫射照明，吊灯半间接照明，壁灯半间接照明。台灯和投射灯属于直接照明。

第六步，照明器的选择。灯具的效率，配光和亮度，灯具的形式和色彩，考虑与室内整体设计的调和，外露型灯具随房间进深的变化，眩光也变化。

第七步，照明器布置位置的确定。接照度的计算，逐点计算法：各种光源（点、线、带、面）的直接照射。 均照度的计算，利用系数法，同时确定灯具的数量、容量及布置 。

第八步，综合协调。考虑照明的经济及维修保护，实现与室内其他设备统一，如空调、音响等。

图 3-55 装饰造型灯渲染温馨舒适的会客空间 费尔德曼 + 基汀格联合公司 布朗，瑞斯曼，米尔斯坦，费尔德和斯丁纳设计

图 3-56 灯与家具的造型呼应，荧光灯的光线柔和、温馨，适合洽谈区的需要 韦斯特·韦恩，汤普森，文图利，斯坦巴克及合伙人设计

图 3-57 通过自动调光系统，最大限度地节约能耗和开支

第四节　商业办公空间的家具设计与布置

办公家具与其他家具一样承担着作为家具的基本功能。通常办公家具有如下的功能：为办公工作提供坐、书写、储存及其他活动的服务功能；为室内空间的分隔和布局、组织人流活动起着划分空间的作用和运用其在造型、色彩、装饰等方面的设计手法来调节室内空间氛围等功能。

一、商业办公空间中的家具

1．现代办公家具的特点

现代办公家具的设计除符合人体工程学的因素，提高工作效率外，还有如下特点：

（1）艺术性：作为受教育程度与文化修养较高的办公人员，具有独特的审美观念，对其所使用的家具有个性的要求；同时大多数专业家具设计制造公司对其计划投入的家具产品的视觉形象有着一定企划和针对性，都注重市场和大众需求。

（2）技术性：高速发展的信息科学技术影响着办公家具的设计。办公设备日趋活动化、智能化。

（3）建筑性：室内设计与建筑设计相融合，家具与室内设计一体化发展促使家具的设计更注重与室内空间甚至整个建筑的协调性和系统性。对于办公家具来说，由于一般办公家具其外观轮廓较为简洁，并担负起了划分空间的作用，因而就构成了室内空间中的“建筑”。

（4）社会性：随着社会的进步，科技的发展，高速、高强度、高效的办公工作使员工的工作状态和心理状态受到了很大的考验。因此研究办公家具设计中人的工作状态和心理状态，包括作为个体的心理状态以及群体相关的心理状态，越来越显现其重要性和必要性。（图 3-58，图 3-59）

2．现代办公家具的分类

现代办公家具随着人类生活方式、工作方式、工作环境的变化而变化。其主要目的是提高工作效率和生活品质，通常可按“组合”概念和办公家具的实际使用功能来划分，同时还有很多其他的分类方式，如按结构形式可分为框架结构家具、板式家具、冲压式家具、折叠家具、拆装家具等；按使用材料可分为木、藤、竹质家具、复合家具、金属家具、石材家具、塑料家具等。

图 3-58 家具与空间的完美结合 EF教育集团 埃尔克斯，曼弗雷迪建筑师有限公司设计

图 3-59 舒适与独特造型的家具点缀整个空间 EF 教育集团 埃尔克斯，曼弗雷迪建筑师有限公司设计

图 3-60 开放式组合家具的应用 怀特，奥康纳，加瑞和阿凡赞多，费尔德曼设计

图 3-61 固定式吊柜合理地利用空间 戴克全球总部 克林公司设计

图 3-62 管理人员的办公空间家具的陈列 香港现代资讯科技大厦 10 层 艺连设计股份有限公司设计

（1）按“组合”概念划分，可分为固定模式组合家具和开放式组合家具。

这种组合家具主要是为更好地协调好人与人、人与物、人与科技、人与环境、人与机能等关系，更好地实现现代办公所要求的人员组合上的灵活性。

固定模式组合家具又称一次成型组合，拆卸麻烦，结构简单，所有工作台面、橱柜、隔板相对固定。

开放式组合模式是一种全新的家具组合模式，所有的工作台面、橱柜、隔板可以根据实际功能的需要自由组合。它不仅可以为个人提供独立的工作单元，也是整个工作单元的构成部分。（图 3–60，图 3–61）

（2）按实际使用功能划分

在立足于空间划分的基础上强调使用功能，可分为高级行政管理人员家具、员工办公家具、会议室家具以及其他服务性家具、辅助性家具等。

一般高级行政管理人员办公室室内空间大，人员流动量相对少，应配置主要包括办公桌、座椅、橱柜、会客沙发、茶几以及必备的办公自动化设备等家具与设施等。（图 3–62）

员工办公室空间主要配置工作桌、座椅、必备的存储柜以及常用的办公自动化设备等。（图 3–63）

会议室空间主要配置会议桌、座椅、装饰家具、常用的办公自动化设备等。（图 3–64）

3. 商业办公家具的构成

（1）办公桌

办公桌是办公空间中的主要家具，是工作人员进行活动的基本平台。办公桌的基本尺寸，长、宽、高直接关系到工作人员的工作范围和姿势，其设计要求能高效、便捷、舒适地完成各种办公工作。一般有独立式、组合式等几种状态。

独立式：独立式办公桌是一个独立体，尺寸可大可小，一般小的长宽为 600mm × 950mm，高为 700~750mm(男)、700~740mm(女)，即可满足基本办公要求。办公桌的设计应从人机工程学的原理出发，以满足办公的不同要求，并应随办公用品及设施所占面积大小的变化而变化。

组合式：这种办公桌是由两个基本家具单元组合而成的，通过组合该类办公桌在不同方向上都有了增加，以满足人员工作时的尺度要求，使不同的工作内容秩序化。这种办公桌在结构组织上灵活多变，在形态上丰富、生动。（图 3–65，图 3–66，图 3–67，图 3–68）

图 3-63 整体的员工工作区 标准普尔公司 艺连设计股份有限公司设计 创意办公室

图 3-64 会议室功能需要的基本家具设备 香港荆威大厦 15 楼 艺连设计公司设计

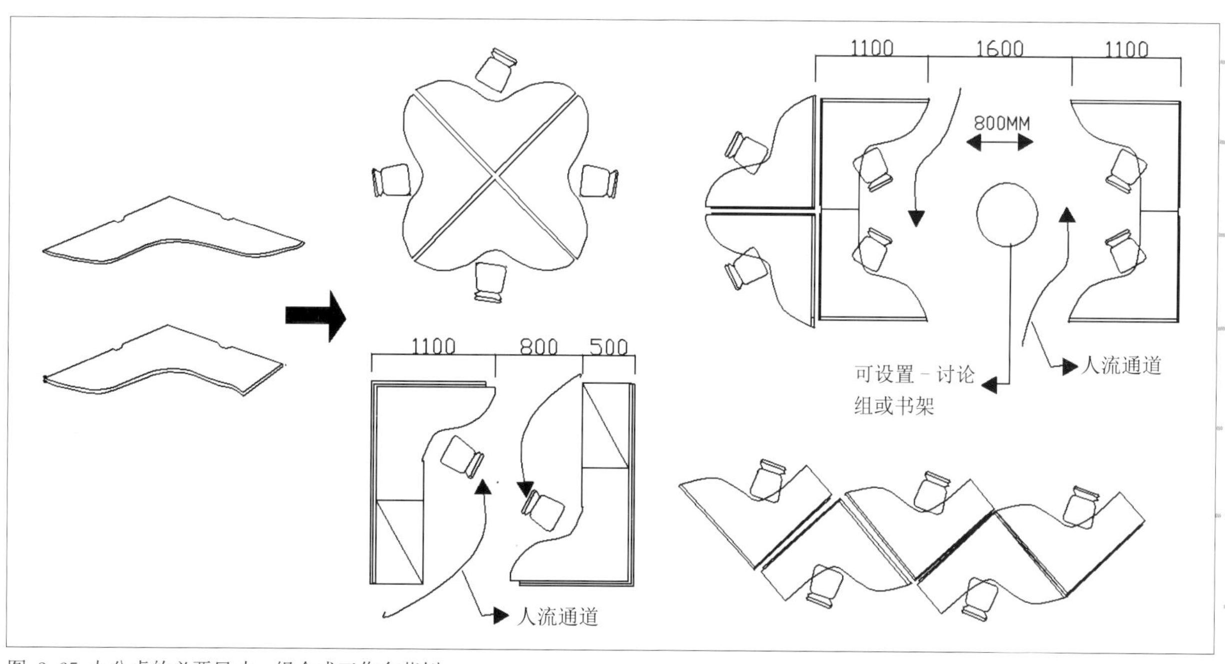

图 3-65 办公桌的必要尺寸，组合式工作台范例

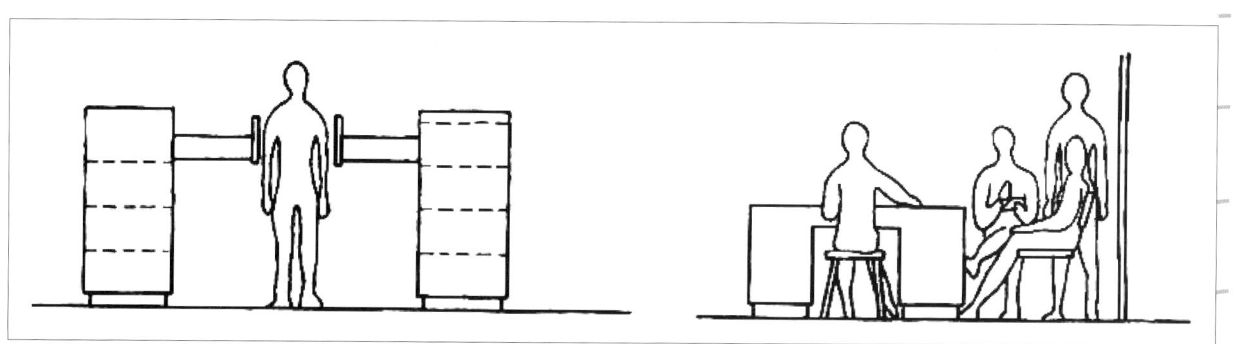

图 3-66 工作台与家具的必要尺寸

图 3-68 组装式家具 里昂证券有限公司 麦坚士设计顾问集团有限公司设计

图 3-67 独立式家具 新办公室空间 汇才人力技术有限公司 新维思设计顾问有限公司设计

（2）工作椅

工作椅和工作桌是一个完整体，同样是办公空间中重要的家具。工作椅的设计首先要处理好人体与座椅的关系，这是关键。座椅应结合人机工程学的规律，合理安排座椅结构的各个方面并能自如地调节，以满足不同体型人员的需要，从而减少因长期使用而产生的疲劳感，提高座椅的舒适度，增加办公工作的效率。结合人机工程学关于座椅支持面的条件，一般可以进行三种形式的分类，第一种是缓休椅，它的设计支持面不能完全支撑上身，需要结合下体的辅助，从而下体得不到很好的放松，不适合长时间工作休息；第二种是一般办公用椅，它的设计主要满足事务办公人员长期工作以及商务礼仪的需要，实现人机结合；第三种是休息椅，它的设计更好地满足人的舒适需要，达到休息的目的。（图 3-69）

（3）办公橱柜

办公橱柜是办公空间中所需资料的存储空间。其设计以考虑合理存储量需要、取放自如、方便为前提，并强调节省空间。办公橱柜除以人机工程学的因素，根据人体的尺度、门的推拉角度实现各类资料储存单元的设计，同时还需要考虑资料存取的方式、资料分类管理等因素。对于成品家具的选择应根据空间布局确定家具的尺寸规格。（图 3-70）

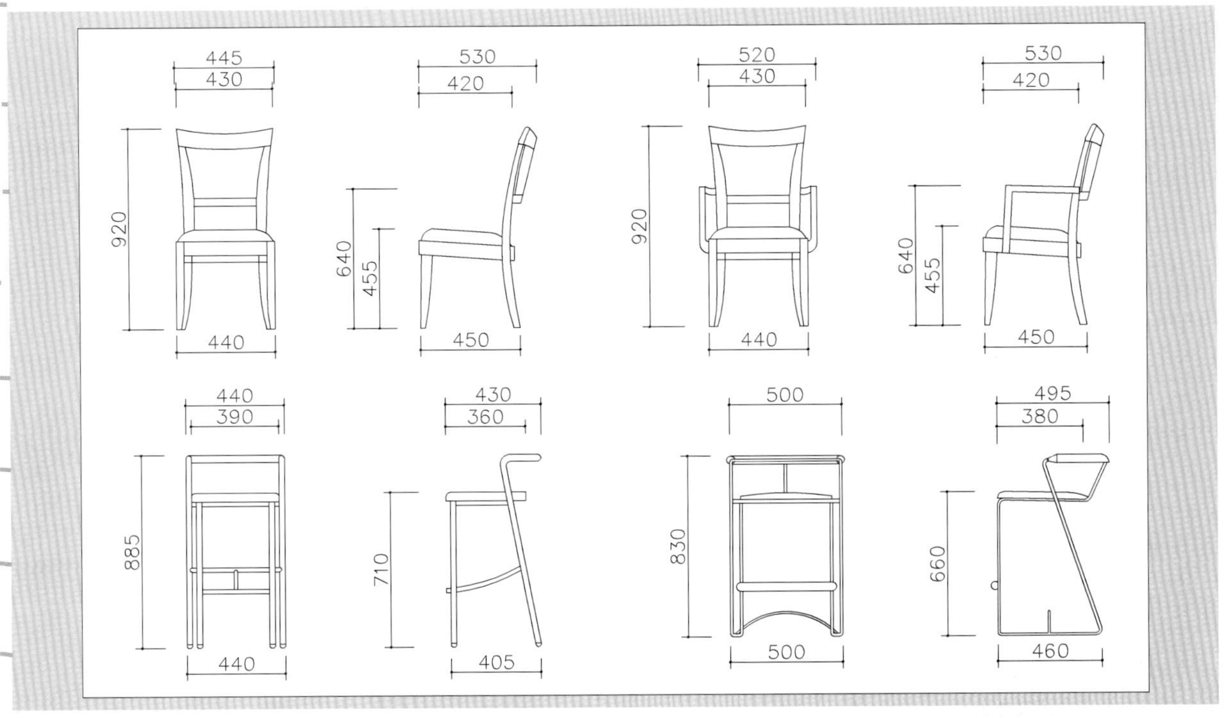

图 3-69 各种造型的椅子

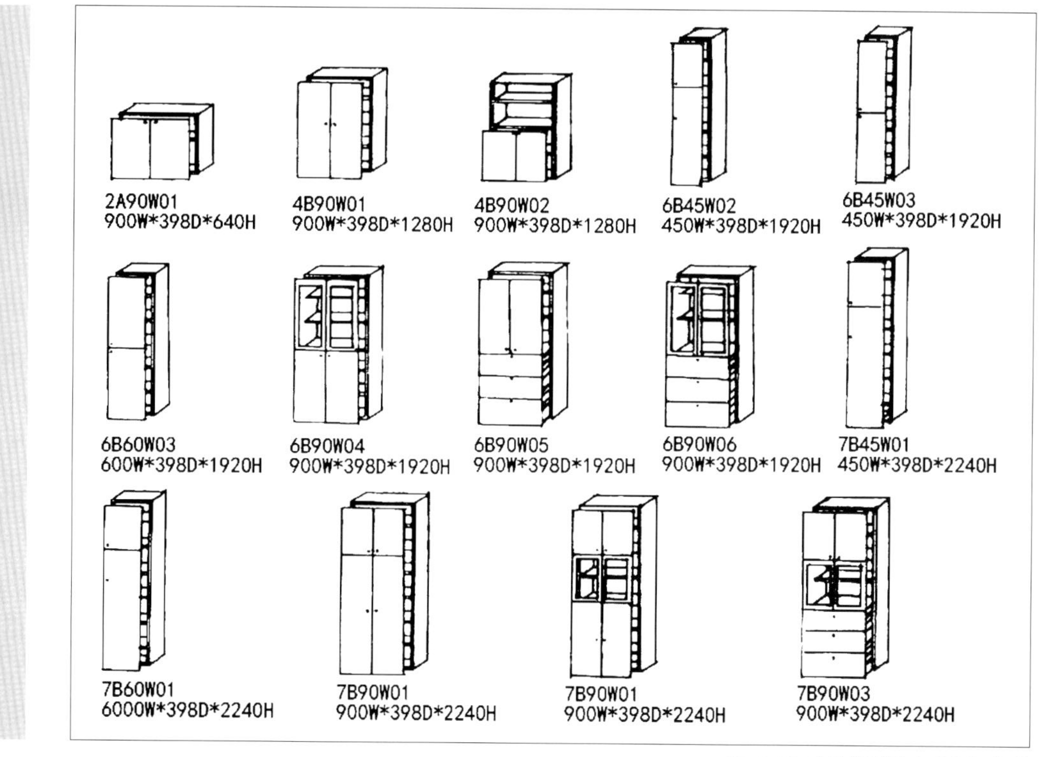

图 3-70 各种类型的办公橱柜规格

（4）办公会议家具

现代商务活动中，召开各类会议是必不可少的。根据不同办公空间的规格和会议类型的需要，会议空间的家具配置、陈列显得尤为重要。会议空间主要家具及设施有会议桌、会议椅、茶水柜、幕布等。会议桌通常有两种：一种是独立式的，它是独立完整的结构形式，每个块都是作为整体中的一个部分，适合小型会议使用；另一种是组合式的，它是一种复合结构形式，每一部分既可以独立形成一个办公会议桌，也可以通过其单体的排列组合成圆形、长方形、正方形、U 形、回字形等平面布置类型。组合式家具的结构样式和平面布置需要根据具体室内空间的大小和出席会议的人员数量来组合、安排。

办公会议家具设计中应以会议桌为中心，其他家具设计在造型、色彩、材料等的使用上要有所呼应，亦应作为一个整体来设计考虑。各类家具设计同时需要考虑人机工程学的原理，如会议桌的设计应考虑放置文件、纸张、资料及个人电脑等设备必要的空间，并根据会议性质、内容的不同，提供满足正常开会的桌面空间的需要，整个室内空间环境气氛的布置要求趋向统一。（图 3–71，图 3–72）

图 3-71 组合式会议桌办公室内 卡伯特公司 佐佐木事务所设计

图 3-72 独立式会议桌 香港现代资讯科技大厦 10 层 艺连设计股份有限公司设计

二、商业办公家具的选择与布置

1. 家具布置与空间的关系

一是位置合理。室内空间的位置环境各不相同，在位置上有靠近出入口的地带、室内中心地带、沿墙地带或靠窗地带，以及室内后部地带等区别。各个位置的环境如采光效率、交通影响、室外景观各不相同，应结合使用要求，使不同家具的位置在室内各得其所。

二是方便使用、节约劳动。同一室内的家具在使用上都是相互联系的，如办公室空间中工作桌、工作椅和橱柜、沙发等基本办公设备，会议室空间中会议桌、座椅、茶具柜等其他辅助设备等的关系。它们的相互关系应根据人在使用过程中达到方便、舒适、省时、省力等活动规律来确定。

三是丰富空间、改善效果。空间是否完善，只有当家具布置以后才能真实地体现出来，如果在布置家具前，原来的空间过大、过小、过长、过狭等都可能产生某种缺陷的感觉。但经过家具布置后，可能会改变原来的布局而恰到好处。因此，家具不但丰富了空间内涵，而且常是借以改善空间、弥补空间不足的一个重要因素。应根据家具的不同体量、高低，结合空间给予合理、相适应的位置，对空间进行再创造，使空间在视觉上达到良好的效果。

四是充分利用空间、重视经济效益。在重视社会效益、环境效益的基础上，精打细算，充分发挥单位面积的使用价值无疑是十分重要的。特别对大量性建筑来说，如商务建筑，充分利用空间应该作为评判设计质量优劣的一个重要指标。

图 3-73 家具周边式的陈列 圣詹姆斯住宅发展公司 艾力斯·杨等设计

图 3-74 广岛式的家具陈列 某专业服务公司 李永忠合伙人设计

2. 家具形式和数量的确定

现代办公家具的比例尺度应和室内净高、门窗、窗台线、墙裙取得密切配合，使家具和室内装修形成统一的有机整体。

家具的形式往往涉及室内风格的表现，而室内风格的表现，除界面装饰装修外，家具起着重要作用。室内的风格往往取决于室内功能需要和个人的爱好和情趣。

家具的颜色通常是选择家具时首先遇到的问题，其色调的选择应服从室内环境的整体效果。

家具的数量通常根据房间的使用要求和房间面积大小来确定。一般办公室的家具占地面面积的 30% ~ 40%，当房间面积较小时，则可能占到 45% ~ 60%。

3. 家具布置的基本方法

现代商务活动中，存在于办公空间的大部分家具的使用都处于人际交往和人际关系的活动之中，如商务会客、办公交往、会议讨论等。家具设计和布置，如座位布置的方位、间隔、距离、环境、光照，实际上往往是在规范着人与人之间各种各样的相互关系、等次关系、亲疏关系（如面对面、背靠背、面对背、面对侧），影响到安全感、私密感、领域感。形式问题影响心理问题，每个人既是观者又是被观者，人们都处于通常说的“人看人”的局面之中。

（1）从家具在空间中的位置可分为：

一是周边式。家具沿四周墙布置，留出中间空间位置。空间相对集中，易于组织交通，为举行其他活动提供较大的面积，便于布置中心陈设。

二是广岛式。将家具布置在室内中心部位，留出周边空间，强调家具的中心地位，显示其重要性和独立性，保证了中心区不受周边交通活动的干扰和影响。

三是单边式。家具集中在一侧，留出另一侧空间（常成为走道）。工作区和交通区截然分开，功能分区明确，干扰小，交通成为线形。当交通线布置在房间的矩边时，交通面积最为节约。

四是走道式。将家具布置在室内两侧，中间留出走道，节约交通面积，交通对两边都有干扰。一般客房活动人数少，都这样布置。（图 3-73，图 3-74）

（2）从家具布置与墙面的关系可分为：

一是靠墙布置。充分利用墙面，使室内留出更多的空间。

二是垂直于墙面布置。考虑采光方向与工作面的关系，起到分隔空间的作用。

三是临空布置。用于较大的空间，形成空间中的空间。（图 3-75）

（3）从家具布置格局可分为：

一是对称式。显得庄重、严肃、稳定而静穆，适合于隆重、正规的场合。

二是非对称式。显得活泼、自由、流动而活跃。适合于轻松、非正规的场合。

三是集中式。组成单一的家具，组常适合于功能比较单一、家具品类不多、房间面积较小的场合。（图 3-76）

四是分散式。组成若干家具组团，常适合于功能多样、家具品类较多、房间面积较大的场合，不论采取何种形式，均应有主有次，层次分明，聚散相宜。（图 3-77）

课程实践环节：

结合实践单位（实践基地），在设计准备阶段的基础上进行具体方案的设计。

具体要求：

以个人为单位，进行具体方案的设计，并组织设计意图交流（可以邀请客户参加）。

图 3-75 家具的统一走向 Saatchi & Saatchi 办公室 Richards Basmajian Ltd 设计

图 3-76 家具对称式陈列 Cinguiar Wireiess King 设计

图 3-77 休息空间家具的分散组织 捷能特国际公司 MBT 建筑公司设计

第四章　商业办公空间施工与管理

学习目标：在具体方案的基础上，了解设计方案的图纸表现（包括手绘、电脑制作），以及与商业办公空间设计有关的施工理论（包括预算、施工管理及验收方面的知识）；能利用手绘、电脑制作表现具体设计方案，掌握有关工程预算、施工管理、工程验收、工程决算的知识。

学习重难点：主要掌握施工图纸的组成部分，懂得利用手绘和电脑制作的表现形式，掌握工程预算、施工管理、工程验收、工程决算的知识。

第一节　商业办公空间设计施工图

商业办公空间设计也就是将空间设计概念绘制成设计图，再根据设计图实现设计的过程。它是对设计过程的反映，同时也是对施工过程的指导。

一、商业办公空间设计施工图的主要内容

商业办公空间室内设计的主要工作是在建筑主体内组织空间，布置办公家具与陈设，装修地面、墙面、柱面、顶棚等界面，确定照明方式、灯具的类型和位置，选用或设计壁画、雕塑、挂毯、绘画以及山水、水体、绿化等饰物和景物。

办公室内设计工程图要全面反映办公空间设计的各项成果。一般常用的室内设计工程图，主要包括以下图样：

1. 平面图

表示办公空间的功能划分；表示墙、砖、门、窗的位置和门的开启方式；表示办公空间的家具、陈设和地面的做法；表示卫生洁具、绿化和其他固定设施的位置和形式；表示屏风、隔断、花格等空间分隔物的位置和尺寸；表示地坪标高的变化及坡道、台阶、楼梯和电梯等。（图 4–1）

2. 剖面图（立面图）

表示办公空间墙面、柱面的装修做法；表示门、窗及窗帘的位置和形式；表示隔断、屏风、花格的外观和尺寸；表示墙面、柱面上的灯具、挂画、壁画、浮雕等装饰位置和尺寸；表示山石、水体、绿化的形式；有时还应在一定程度上表示出顶棚的做法和上面的灯具。（图 4–2）

3. 顶棚平面图

表示顶棚的形式和做法；表示顶棚上的灯具、中央空调、通风口、扬声器和浮雕等的位置、装饰及尺寸。（图 4–3）

4. 地面平面图

当地面做法比较复杂时，要单独绘制地面平面图，表明地面的形式（图案）、用料和颜色，同时还要表示固定在地面上的水池、假山等景物。（图 4–4）

5. 详图

包括构配件的详图和某些局部的放大图：如柱子详图、场面详图、隔断详图等。如果专门设计家具和灯具，还要相应地绘制家具图和灯具图。（图 4–5）

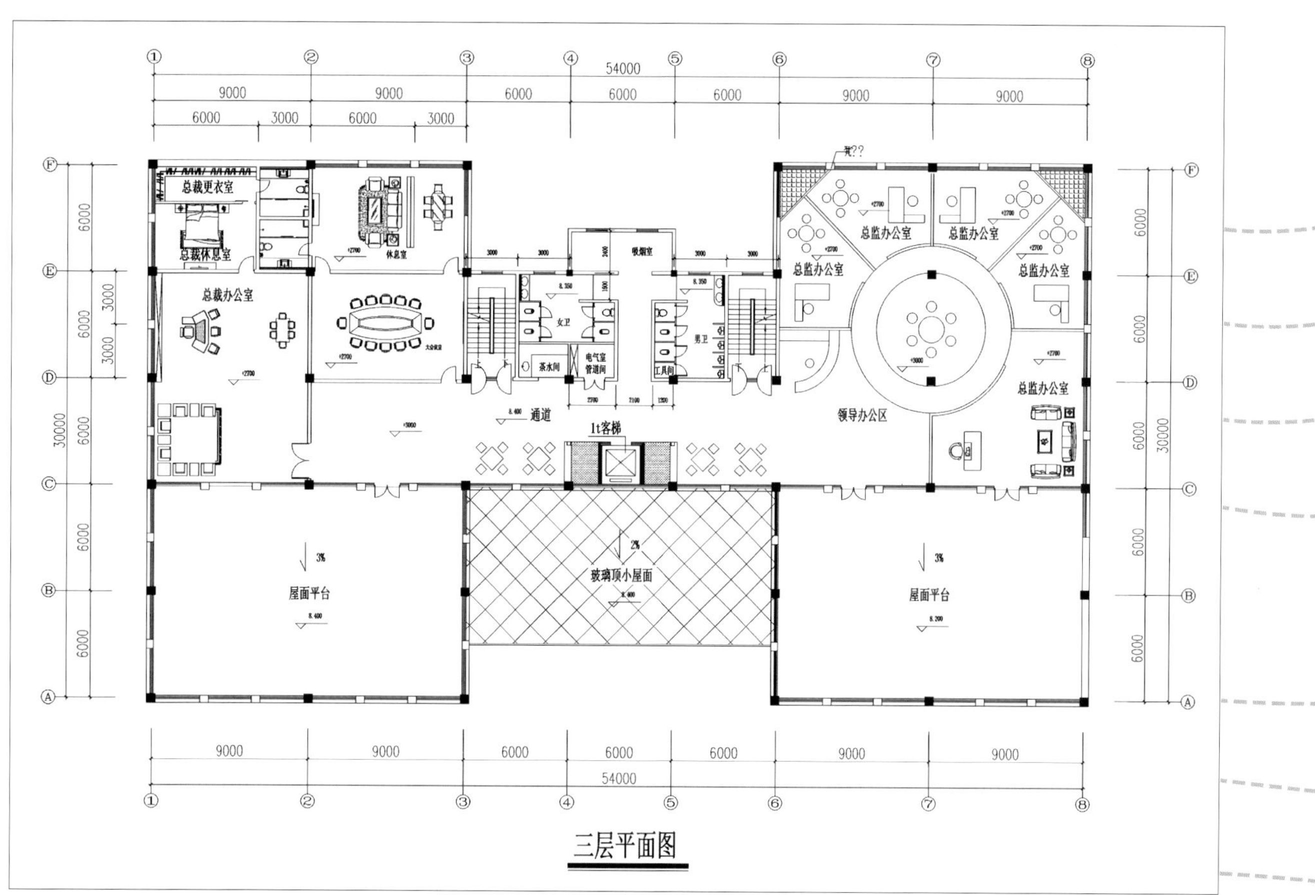

图 4-1 平面布置图

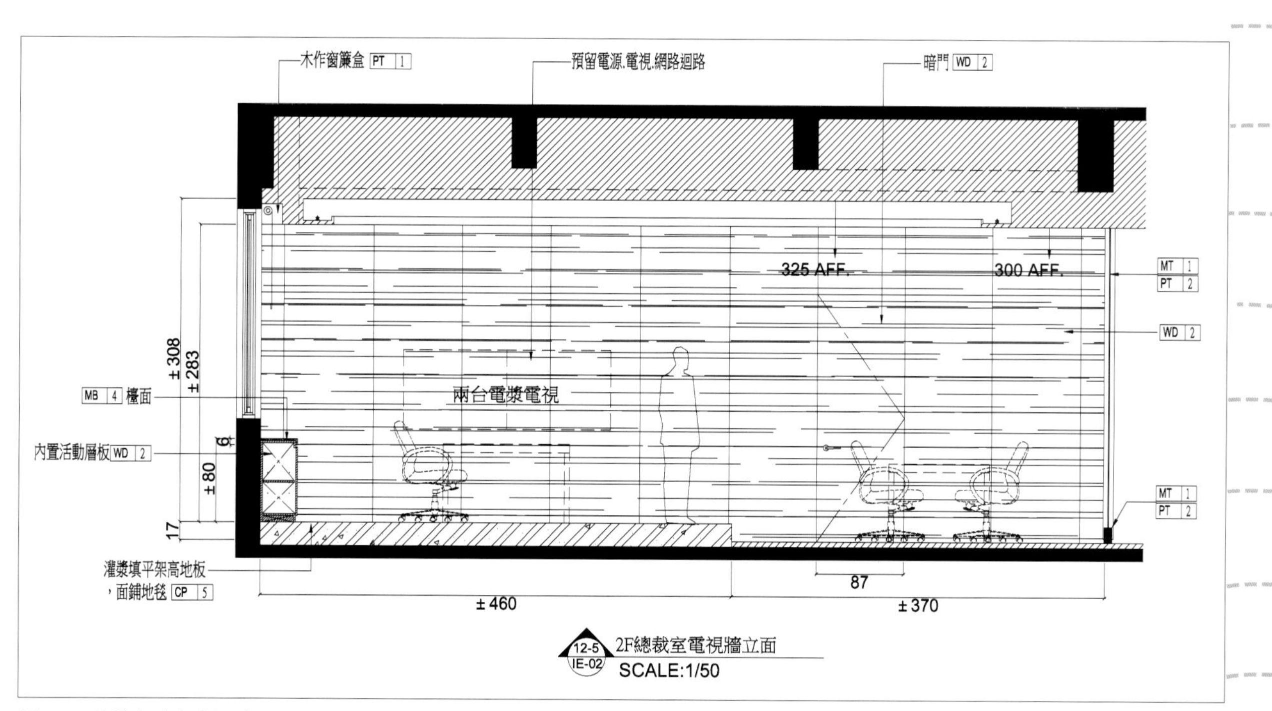

图 4-2 总裁办公室电视墙

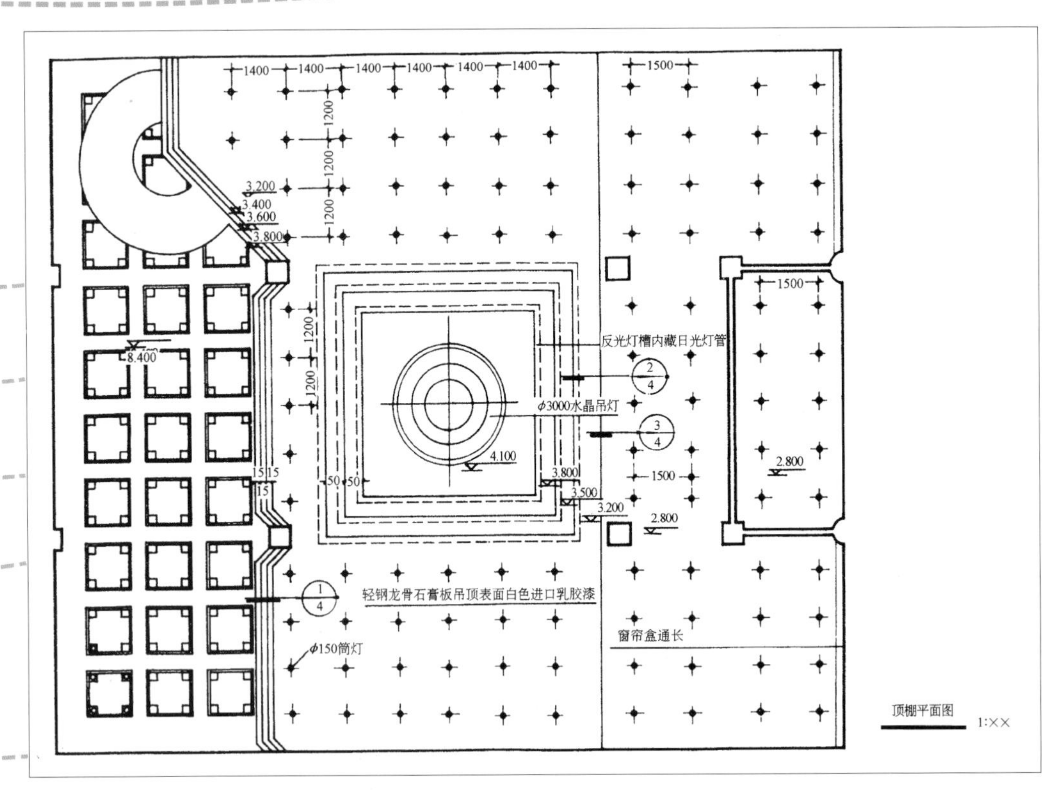

图 4-3 大堂施工顶棚平面图

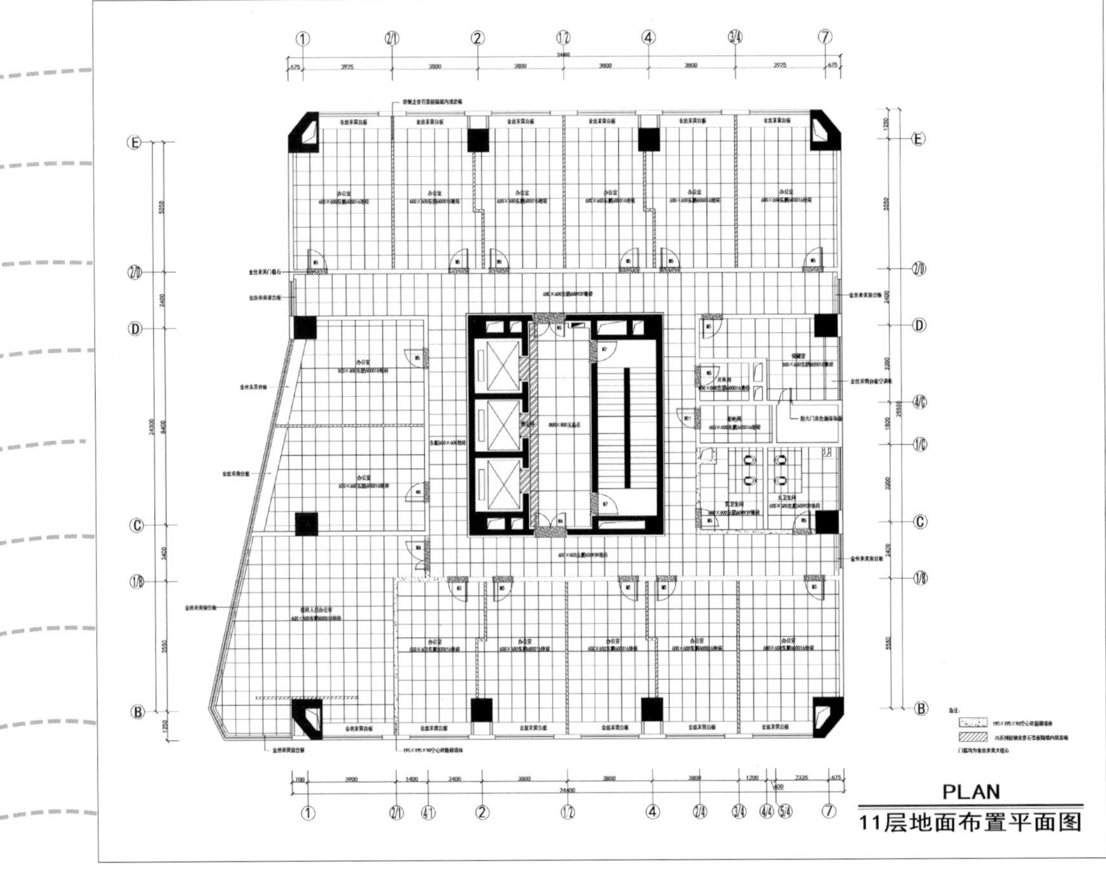

图 4-4 地面平面图

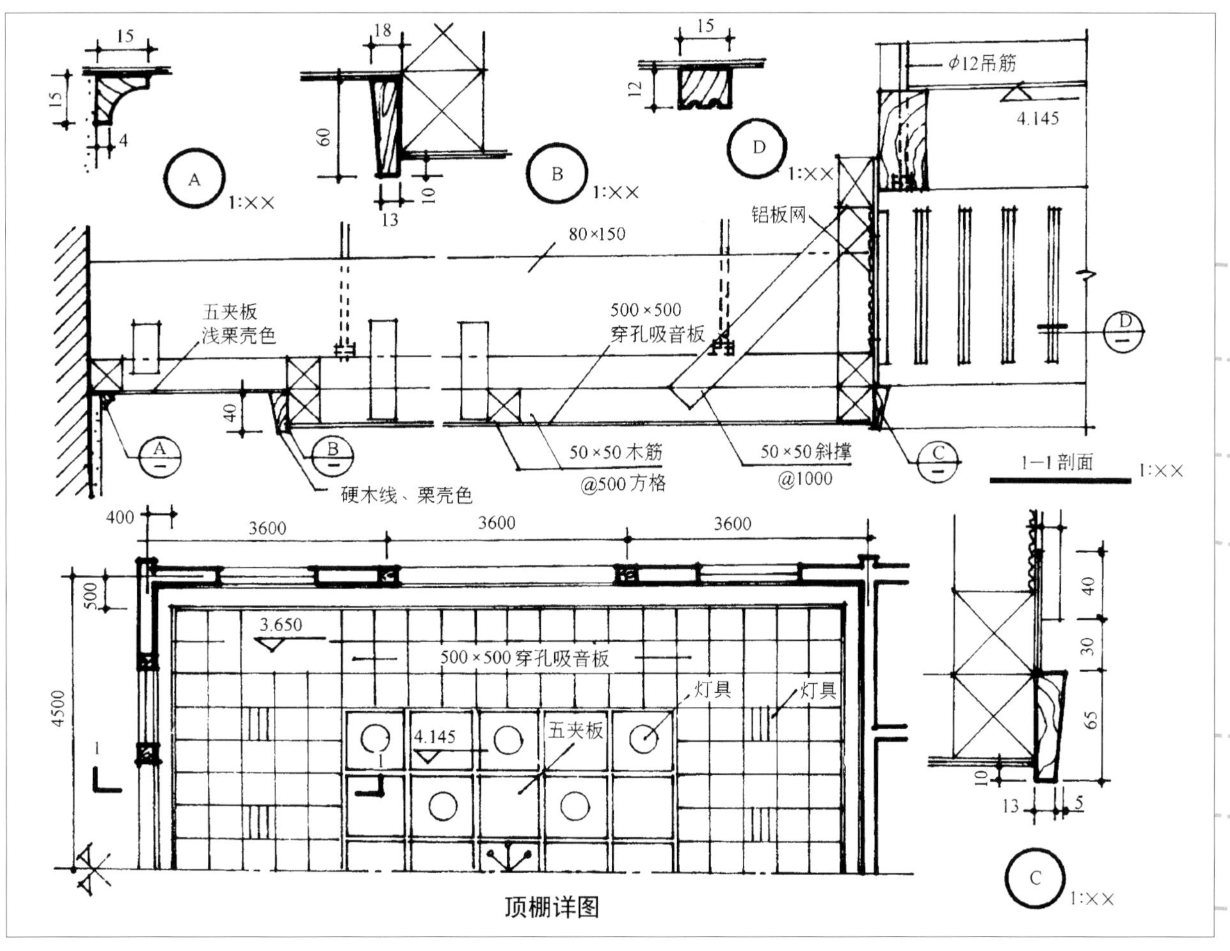

图 4-5 顶棚详图副本

二、商业办公空间设计施工图的表现形式与画法

办公空间设计施工图是整体设计方案的表现，是和客户交流的平台，也是作为指导施工和编制工程预算的依据。方案设计施工图是设计师设计思维的外化表现，强调繁简得当，表达准确，清晰易懂。否则，施工人员与设计人员在沟通上就可能产生障碍。这在商业办公空间设计施工图的表现中是关键。

1. 商业办公空间设计施工图的表现形式

随着传统工艺与科学技术的发展，目前，设计施工图主要有两种表现形式：一种是手绘表现形式，其要求有一定的美术绘画功底，在准确表现空间分割、家具陈列、界面装饰等设计过程中带有一定艺术性、表现性。这种表现手法相对自由，速度快，受客观条件影响少，但不易修改、复制；另一种是计算机辅助设计表现形式，利用计算机设计软件进行表现，要求很强的计算机操作能力。这种表现手法受客观条件限制较大，便于修改、多次复制、携带，但缺乏一定的艺术性和人性元素。（图 4–6，图 4–7，图 4–8，图 4–9）

2. 商业办公空间设计施工图的画法

（1）平面图画法

一是墙窗的表现。在平面图中，墙与柱应用粗实线绘制。当墙面、柱面用涂料、壁纸及面砖等材料装修时，墙、柱的外面可以不加线。当墙面、柱面用石材或木材等材料装修时可参照装修层的厚度，在墙、柱的外面加画一条细实线。当墙、柱装修层的外轮廓与柱子的结构断面不同时，如直墙被装修成折线墙、方柱被

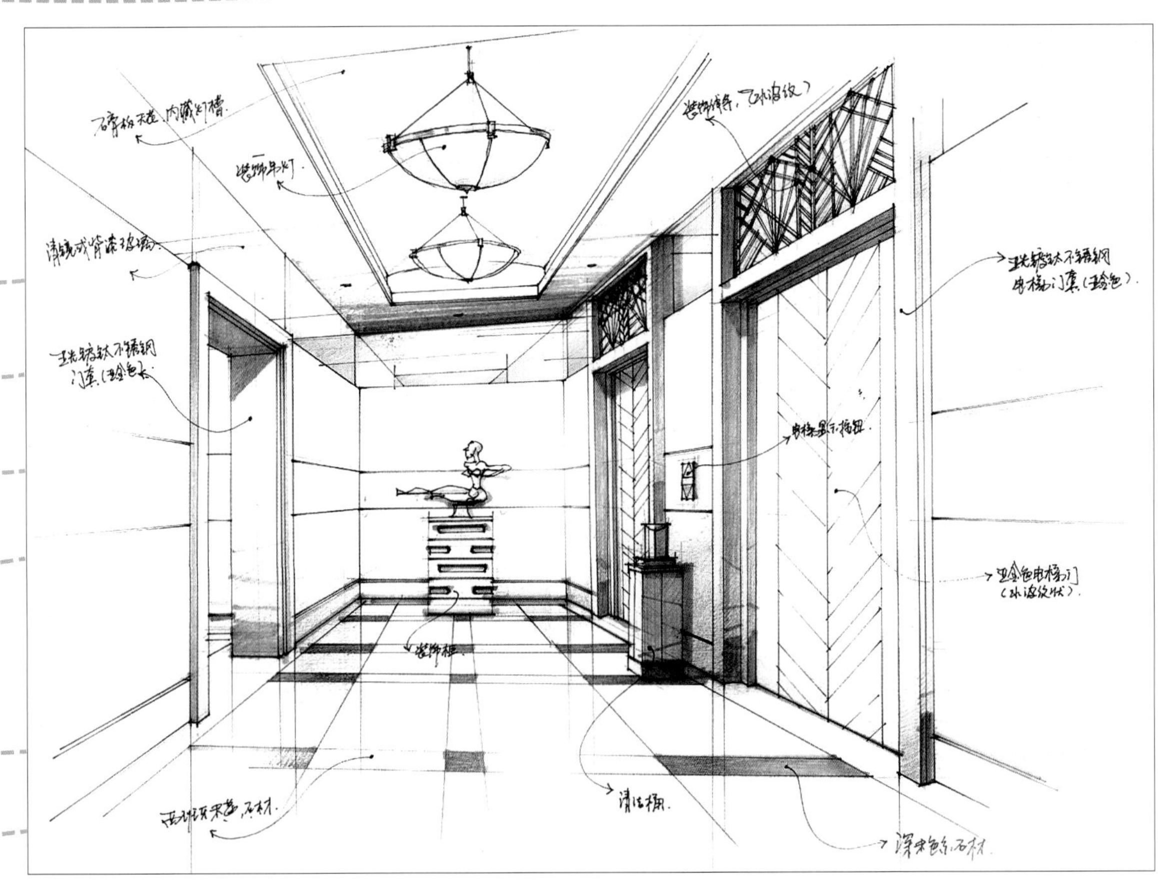

图 4-6 手绘大厅效果图

图 4-7 天津市国家安全局“九七五”工程首层大厅

图 4-8 北京华联印刷有限公司 大厅设计稿

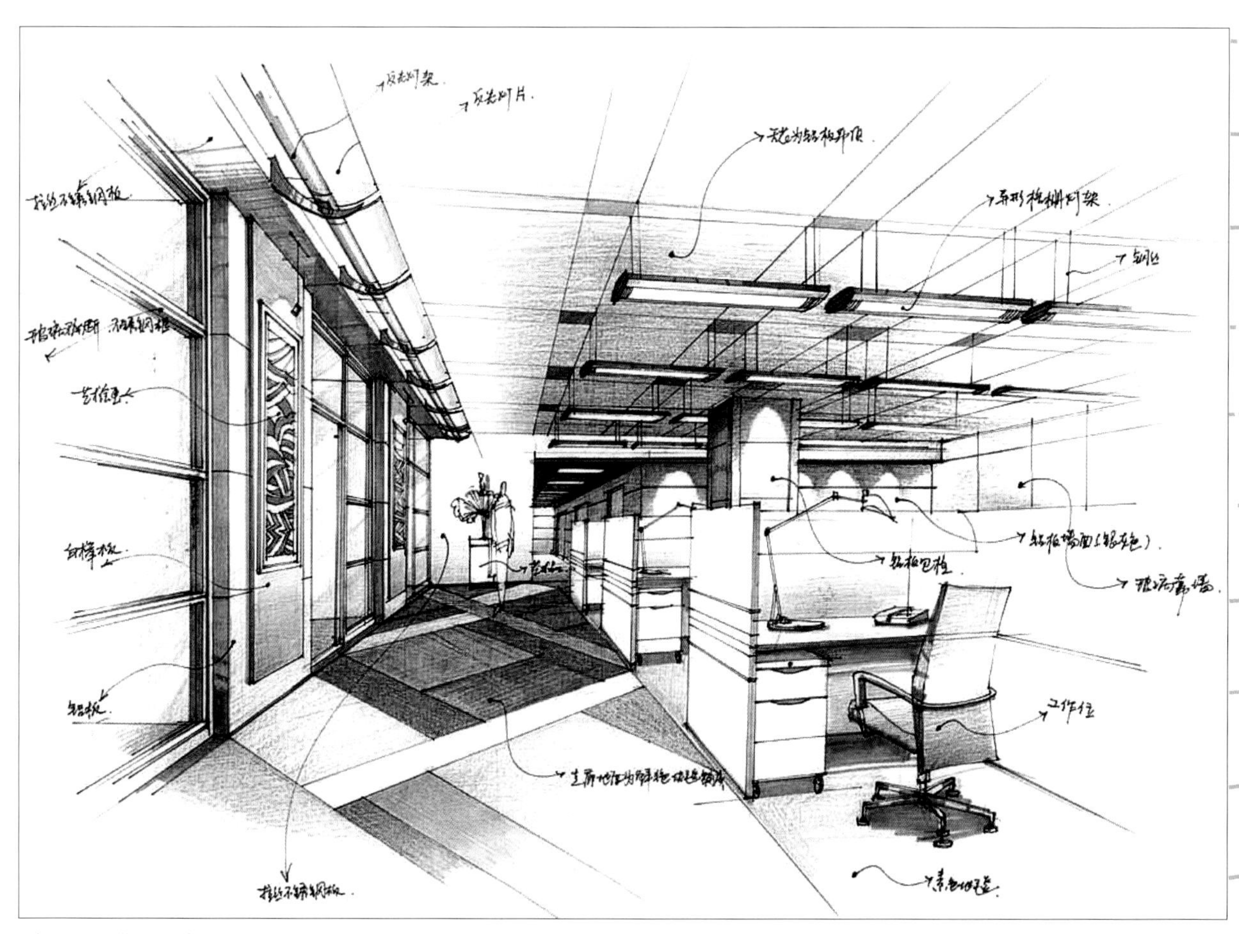

图 4-9 手绘设计稿

包成圆柱或八角柱，一定要在墙、柱的外面用细实线画出装修层的外轮廓（图 4–10）。在比例较小的图样或全景图中，墙、柱直接用粗线条表现，不必表现出其材料类型。（图 4–11）

二是门窗的表现。在平面图上，按设计位置、尺寸和规格画出门、窗，标出开启方向线。（图 4–12）

三是家具与陈设。这主要是表示桌、椅、橱柜、沙发等办公家具与花盆、灯具等陈设品的位置关系。根据图样的实际尺寸大小，比例小的图，简画出家具与陈设的外轮廓；比例大的图，在画出其外轮廓的基础上还可进行纹理的刻画和表现。（图 4–13）

四是地面的表现。地面做法比较简单，将其形式、材料和做法直接绘制和标注在平面上，可以采取示意性表示和通过引导线直接标注等做法来实现。（图 4–14）

（2）剖面图（立面图）画法

一是剖面图外轮廓的墙体、地面、楼板、顶棚。被剖面墙体要用粗实线表示、并按统一规定的图例画出墙上的门窗。对于剖面地面的表现，只要用一条粗实线表示出表面即可，无须表示厚度、做法和材料。顶面的画法，应必须了解房屋的构架、楼板、吊顶的构造，一种是清楚地表示梁、板和顶棚；另一种只画顶棚的内轮廓而不画楼板。（图 4–15，图 4–16，图 4–17）

二是处于正面的柱子、墙面以及按正面投影原理能够投影到画面上的所有构配件（如门、窗、隔断和窗帘、壁饰、灯具、家具、设备与陈设等）。这一部分，大多数根据实际需要按比例画出，在比例尺寸较大的图例中除表现其外轮廓外，还要进行必要的细节刻画。（图 4–18）

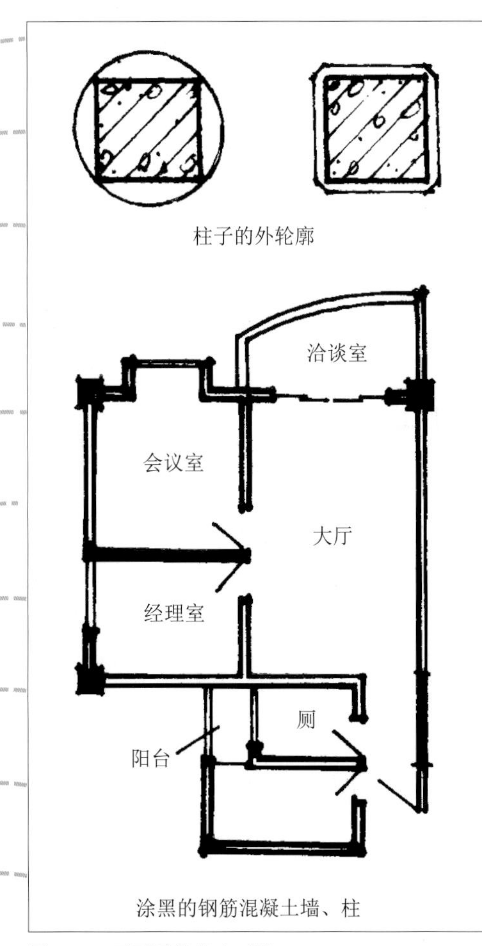

图 4-10 平面图墙柱表示法

三是墙面、柱面的材料与做法。当墙面、柱面做法简单明了时，不必另画详图，可将墙面、柱面的材料、做法和颜色直接标注在剖面图上。相反，应在剖面图的相应位置上标注详图索引符号。这种详图有两类：一类是剖面详图，即在原“剖面图”上，另取水平剖面图或垂直剖面图，以更大的比例尺，表示这些节点的构造；另一类是局部放大图，即把原“剖面图”上的某个部分，以更大的比例尺放大，以便更加清楚地表示出形式、尺寸和做法。（图 4–19，图 4–20）

3. 顶棚平面图画法

一是墙与柱的表现。一般房屋顶棚平面图就是房屋的水平剖面图，被剖到的墙与柱，常用实线绘制。一般情况，不必画材料图例，也不必涂黑。如顶棚平面图比例尺较小，可不画粉刷层。如果墙面或柱面用木板或石板等包装起来，且面较厚，可参照包装层的厚度，在外边加画一条细实线。有些顶棚，在墙身与顶棚的交接处做脚线（一般为木线脚成人膏线脚），可画一条细实线，表示其位置。（图 4–21）

二是门窗的表现。顶棚平面图中的门窗画法与房屋平面图中的画法基本上是一样的。水平剖切面的位置不同，剖切到的内容不同，门窗的表现方法也不同。对于受剖切的门窗，则进行表现，没有剖切到的则无须表现。（图 4–22）

三是楼电梯的表现。楼梯要画出楼梯间的墙，电梯要画出电梯井，但可以不画楼梯踏步和电梯符号。（图 4–23）

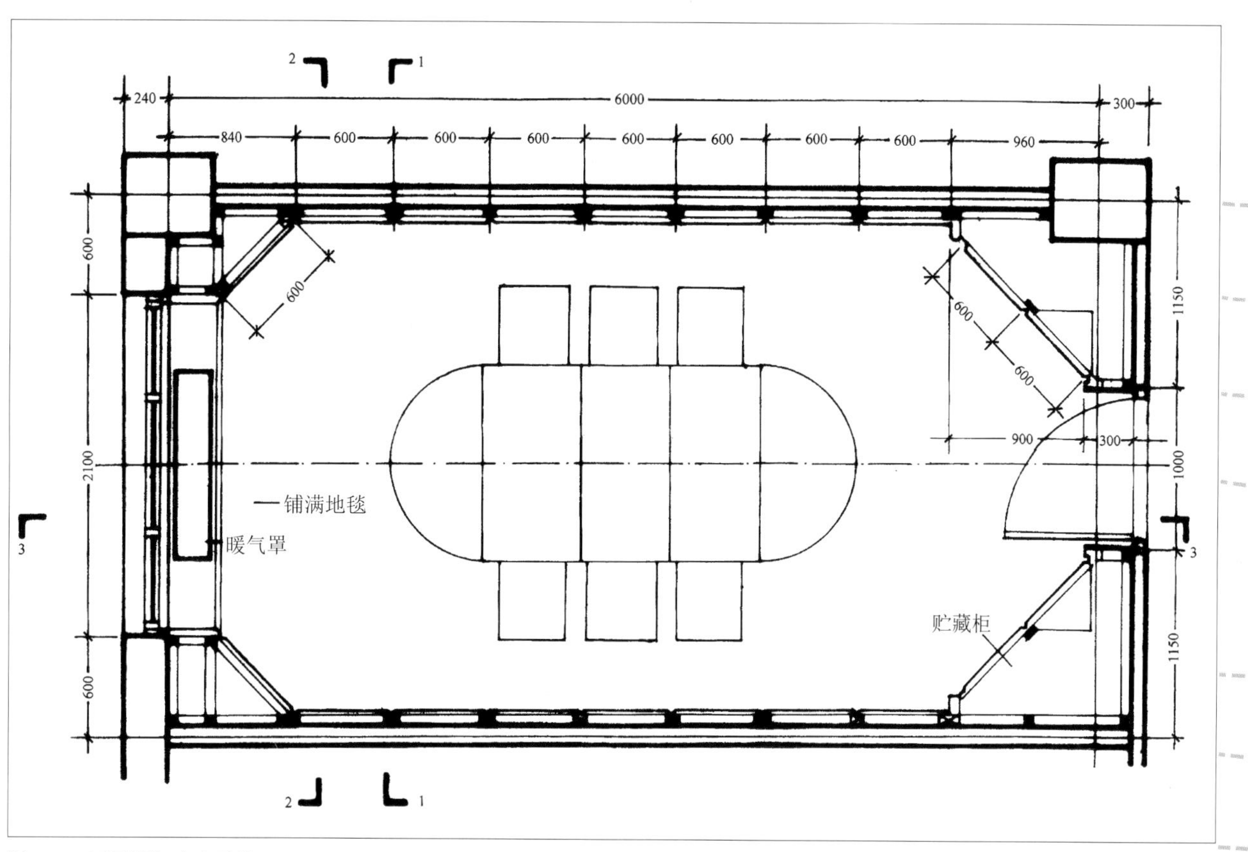

图 4-12 平面图门窗表示法

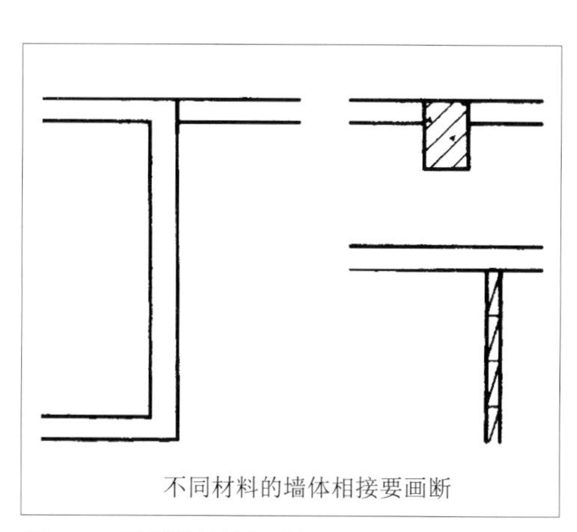

图 4-11 平面图材料表示法

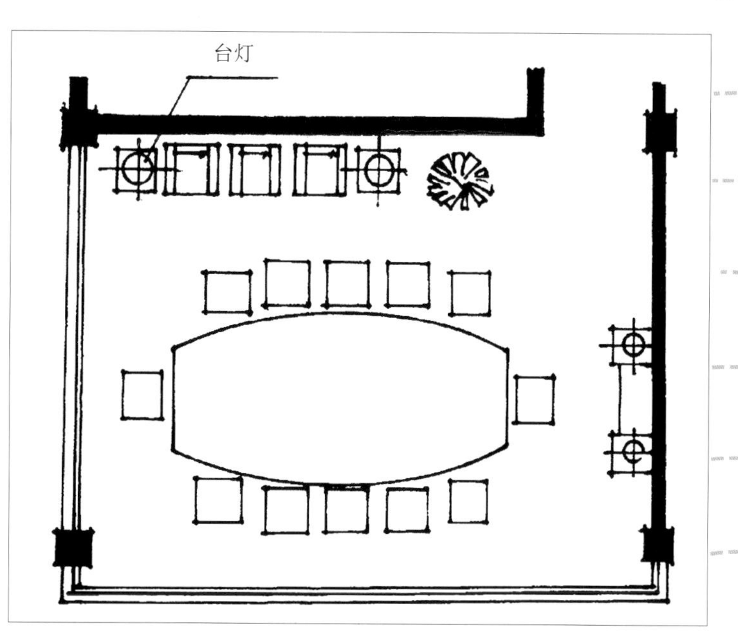

图 4-13 平面图家具表示法

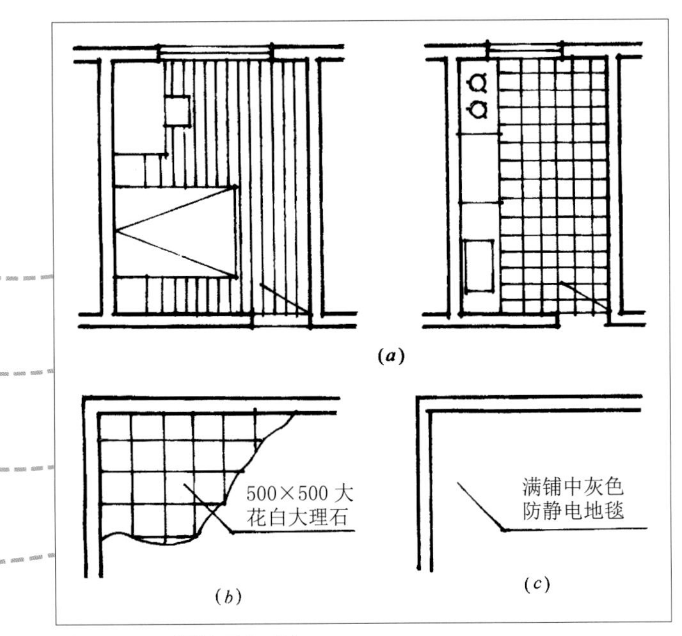

图 4-14 平面图地面表示法

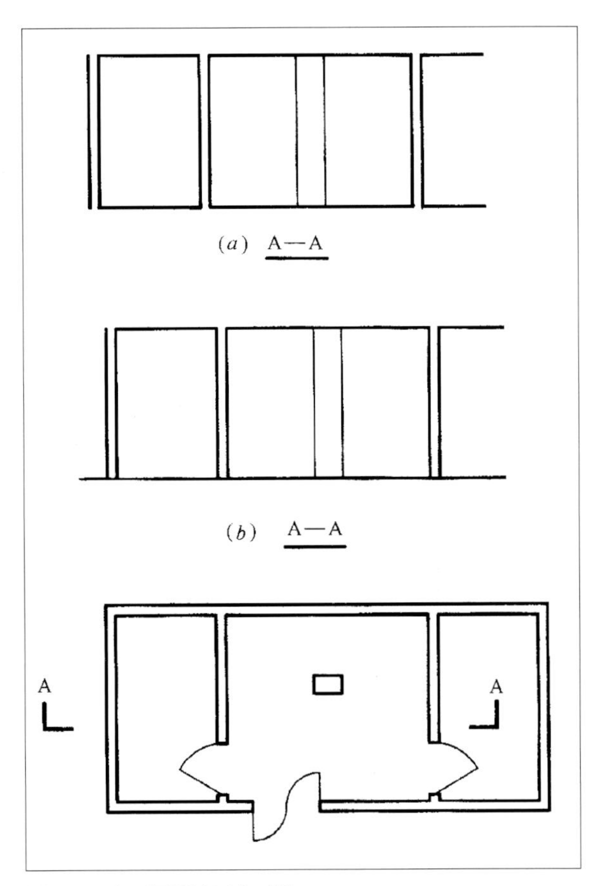

图 4-16 立面图楼地面表示法

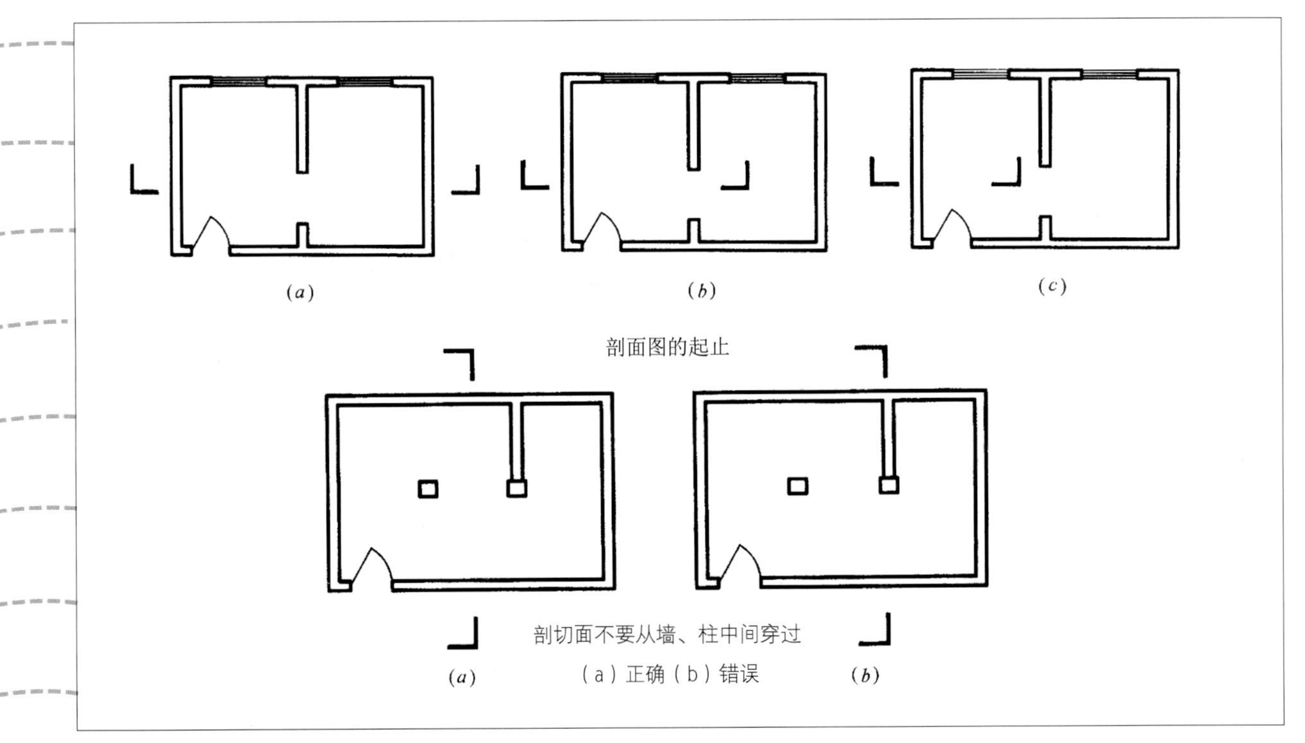

图 4-15 立面图表示法

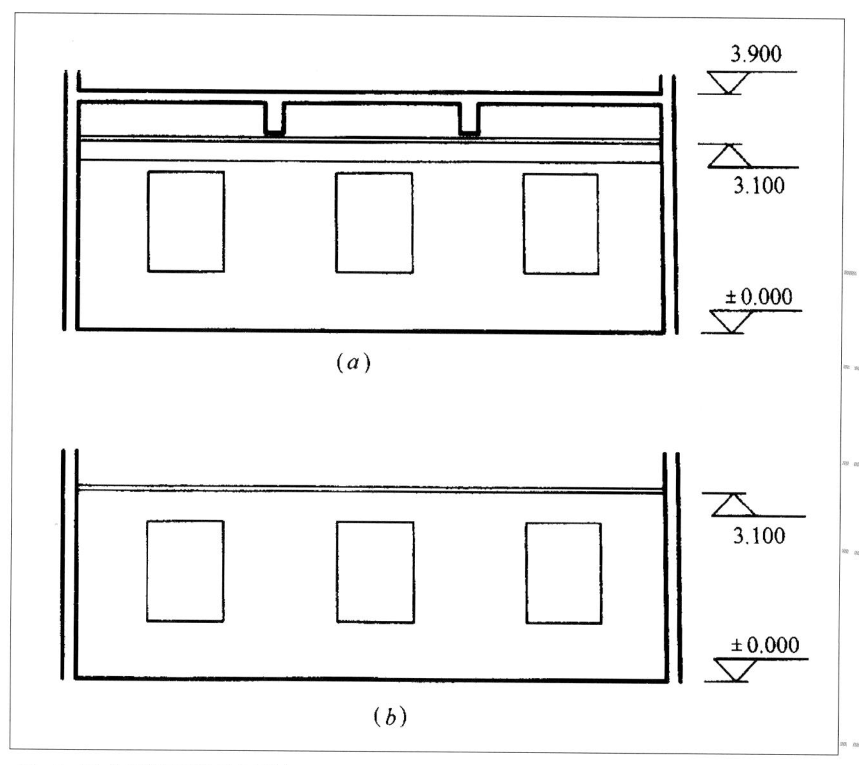

图 4-17 立面图顶界面表示法

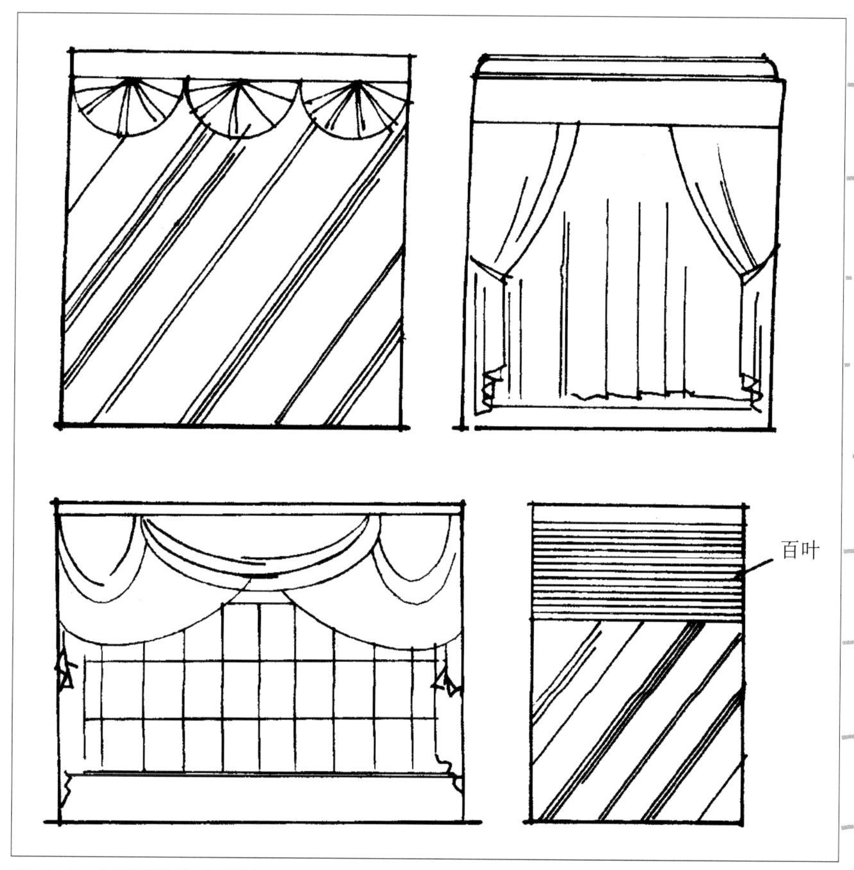

图 4-18 立面图窗帘表示法

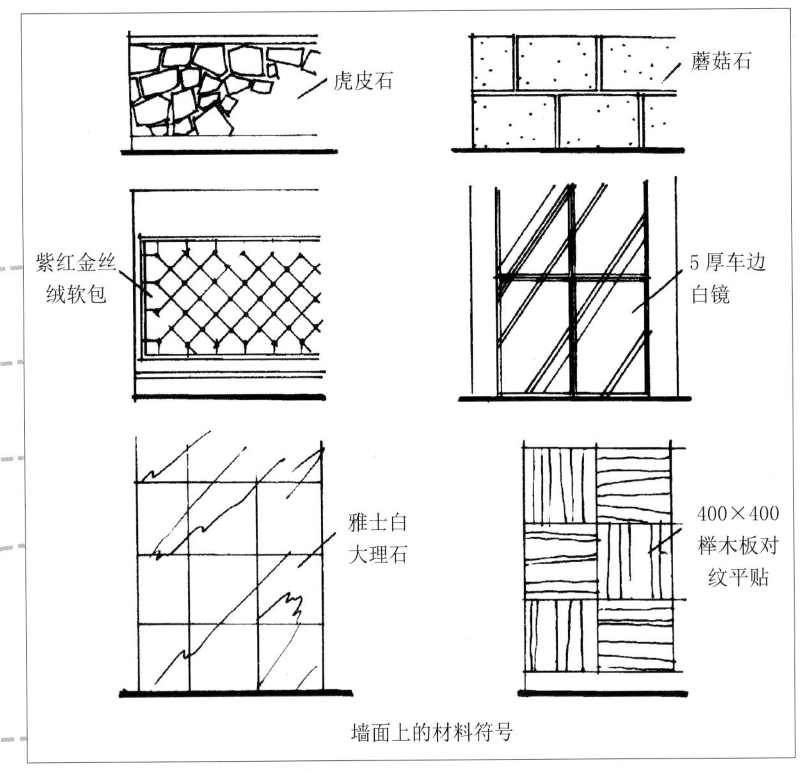

图 4-19 立面图柱、墙面表示法

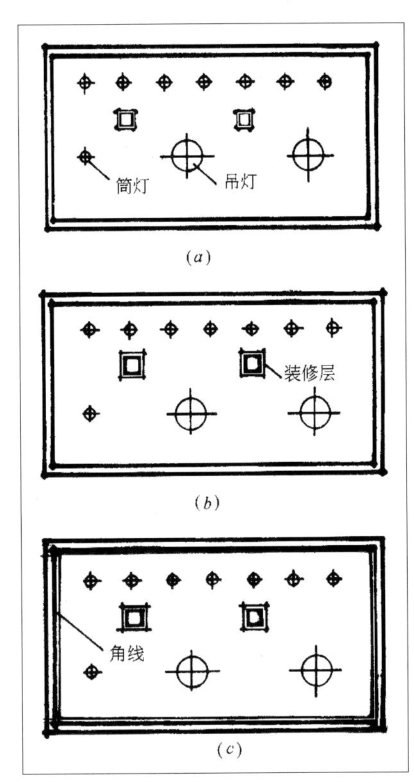

图 4-21 顶棚平面图中柱、墙的表示法

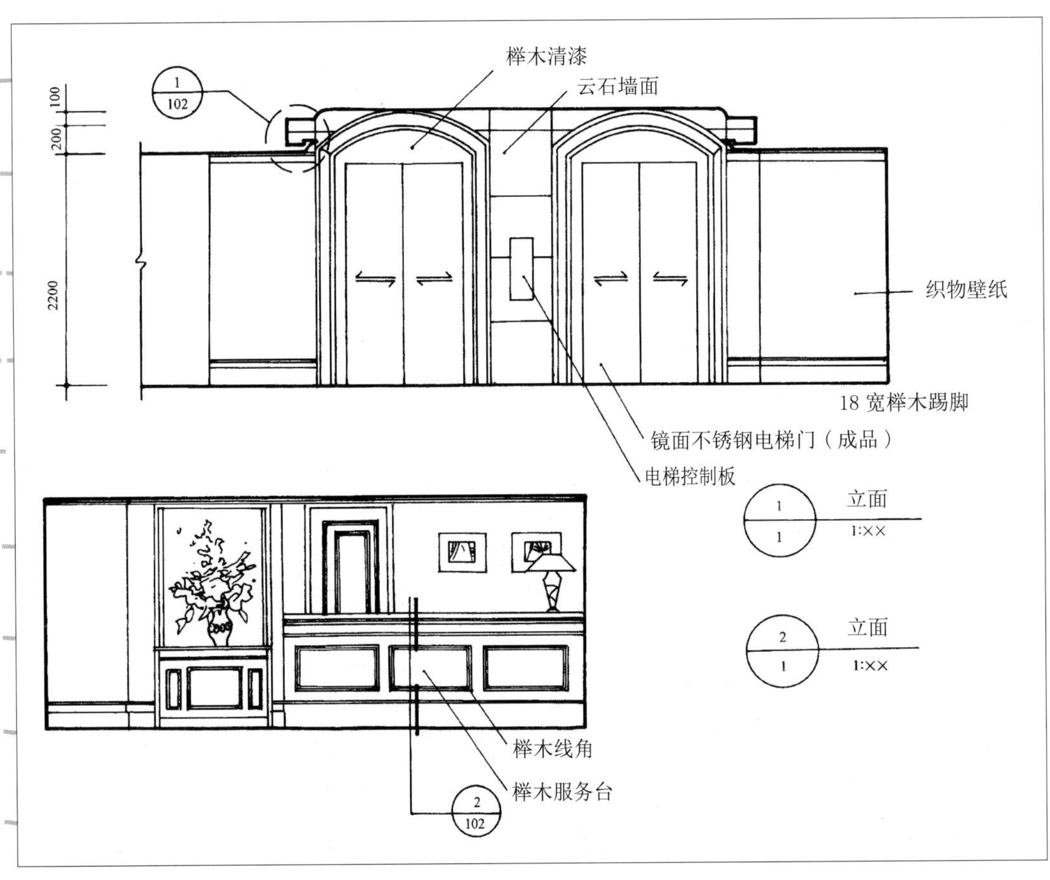

图 4-20 立面图表示法

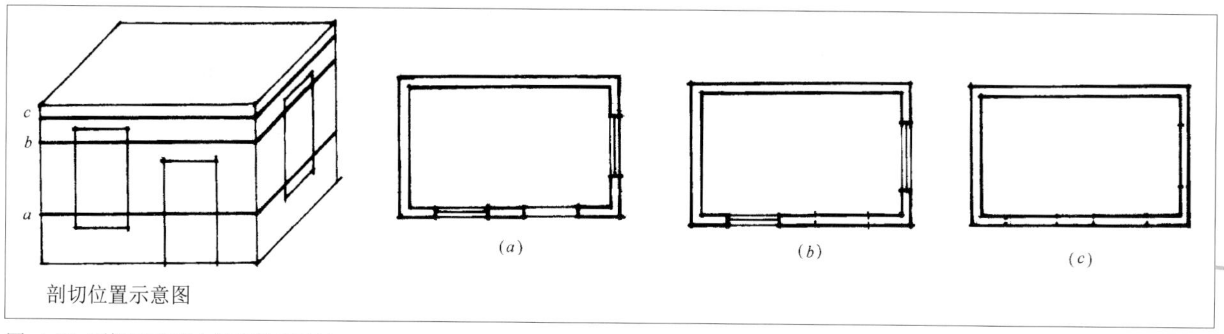

图 4-22 顶棚平面图中门窗的表示法

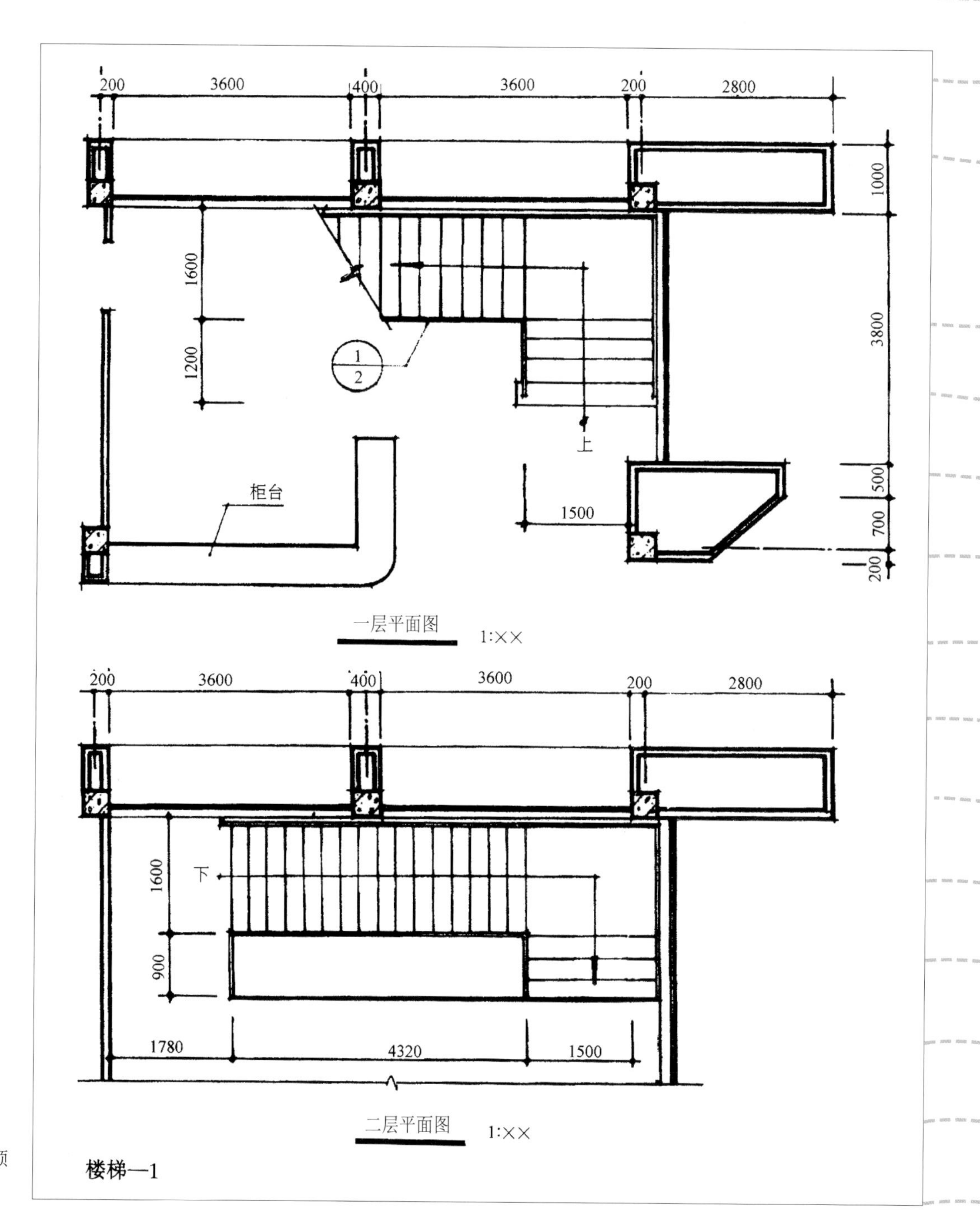

图 4-23 电梯顶平面图表示法

四是顶棚造型的表现。空间设计施工图中顶棚造型的表现，是按正投影原理将顶棚上的浮雕、线脚等均画在顶棚平面图上。具体表现根据比例尺寸图的大小变化，如在比例尺寸较小的平面图中，可以用示意图的方式表示。现在办公空间中常用的石膏线、木线脚，可以简化为一两条细线，浮雕石膏花等可以简化出大轮廓。包括灯具、自动喷头、空调通风口都可以采用简化表现画法，并在图纸一侧进行图例的目录说明。

4. 详图的画法

详图是办公空间室内设计施工图中不可缺少的部分。平面图、剖面图（立面图）和顶棚平面图的比例尺寸为 1 ∶ 50、1 ∶ 100、1 ∶ 200 左右，对于具体装饰细节不可能刻画清楚。在办公空间设计工程中，详图是必须的。至于画哪些部位的详图，需要根据工程的大小、复杂程度来定。

一般办公空间设计工程，应有以下详图：

一是墙面详图，用来表示较为复杂的墙面的构造、使用的材料类型等。通常要画出立面图、纵横剖面图装饰大样图等。（图 4–24）

二是柱面详图，用以表示柱面的构造。一般要画柱的立面图、纵横剖面图和装饰大样图。有些柱子，可能有复杂的柱头（如西方古典柱式）和特殊的花饰，还须用适合的示图画出柱头和花饰。具体标注出柱子的长度尺寸、高度方向、材料、局部放大和剖面详图等做法。（图 4–25）

三是建筑构配件详图，主要包括特殊的门、窗、隔断、景窗、景洞、栏杆、窗帘盒和顶棚细节等。（图 4–26）

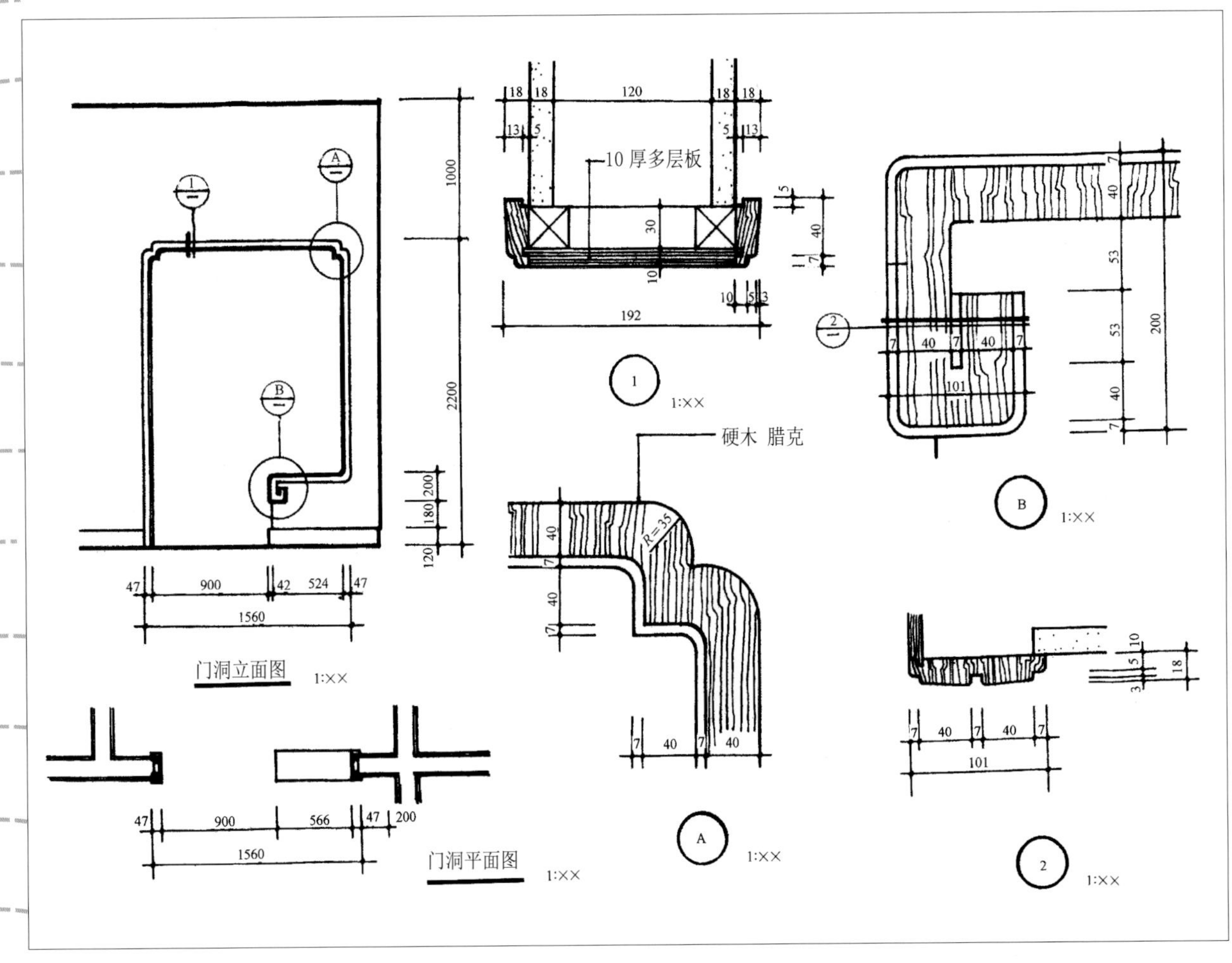

图 4-26 门洞详图表示法

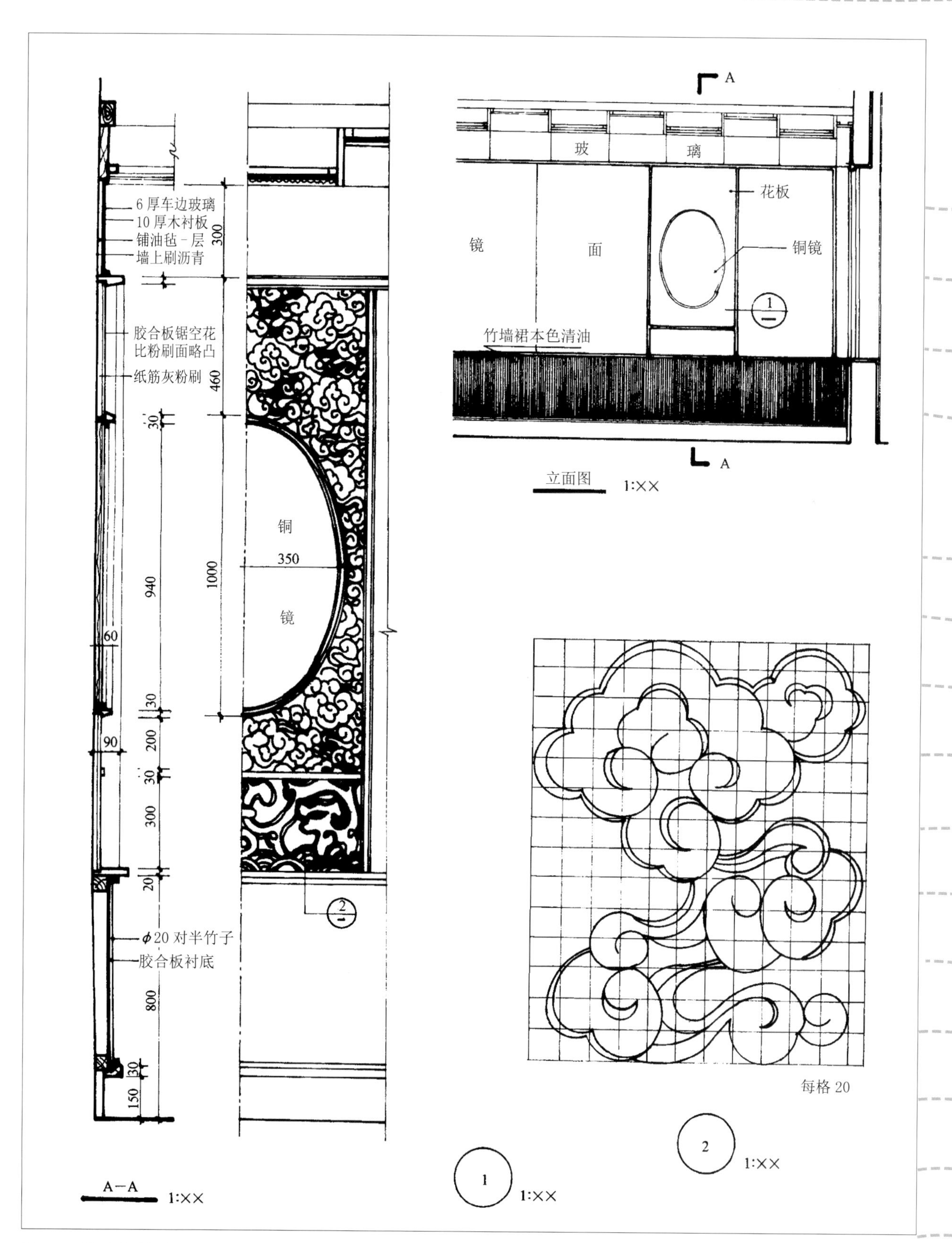

图 4-24 墙面详图的表现法

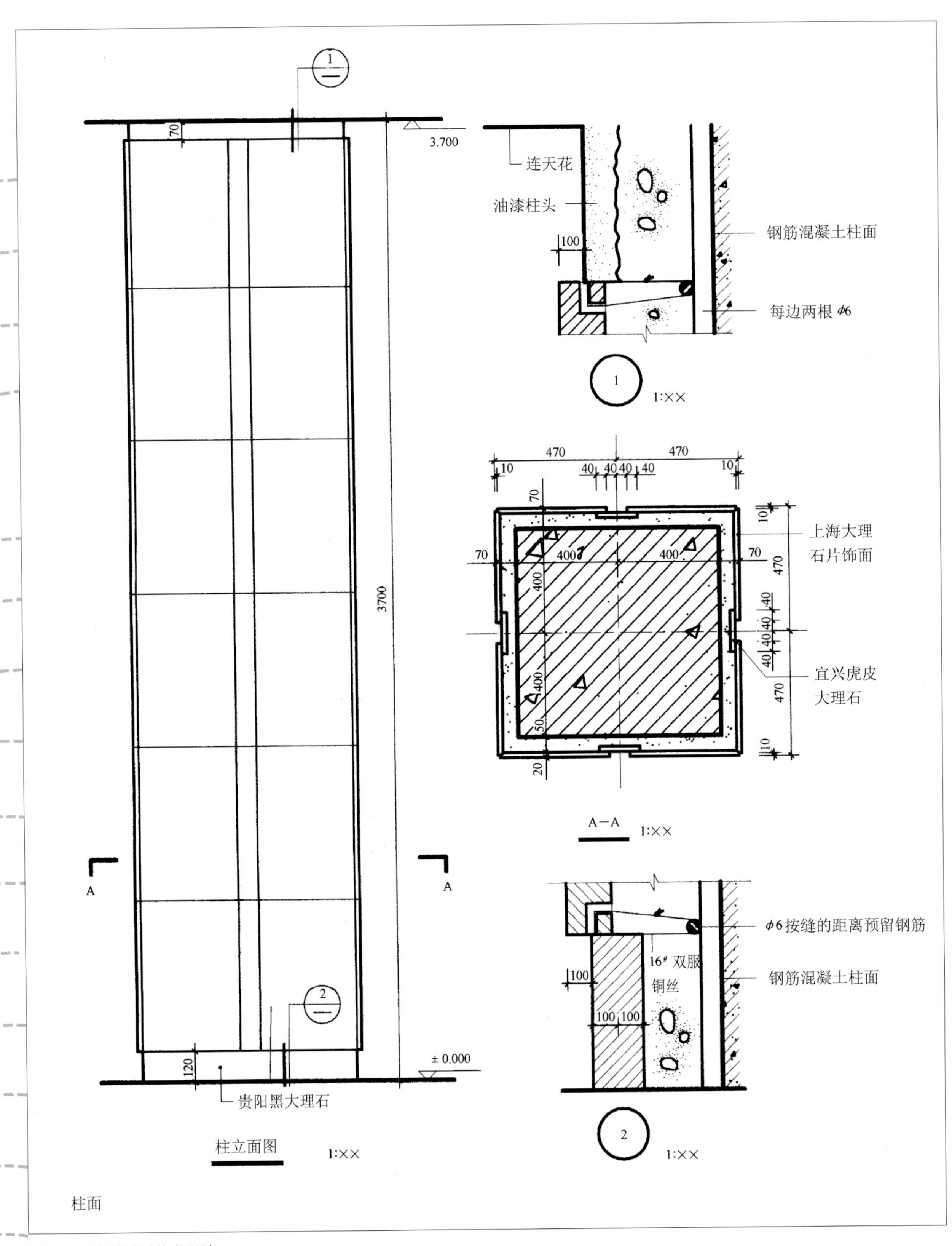

图 4-25 柱面详图的表现法

四是设备设施详图，包括茶几台、橱柜、接待台、壁柜等设施的具体平面图、立面图。（图 4–27）

五是家具详图。现在很多具有明确企业形象的公司，家具除了从市场直接采购以外，还会选择专门设计家具。如高级管理人员的办公室的家具设计品位，将有利于高级管理人员对自身品位的定位。对于专门设计的家具，需要对其平面图、立面图、剖面图进行准确的表述。（图 4–28）

六是楼、电梯详图。楼、电梯的主体，在土建施工中就已完成了。但有些细节同样需要在室内设计阶段进行改造装饰，如电梯厅的墙面和顶棚，楼梯的栏杆、踏步和面层的做法等。（图 4–29）

七是灯具详图。灯具在办公空间设计中比起家具，特需情况要少，只有艺术要求较高的工程，才单独设计灯具，并画出灯具详图。（图 4–30）

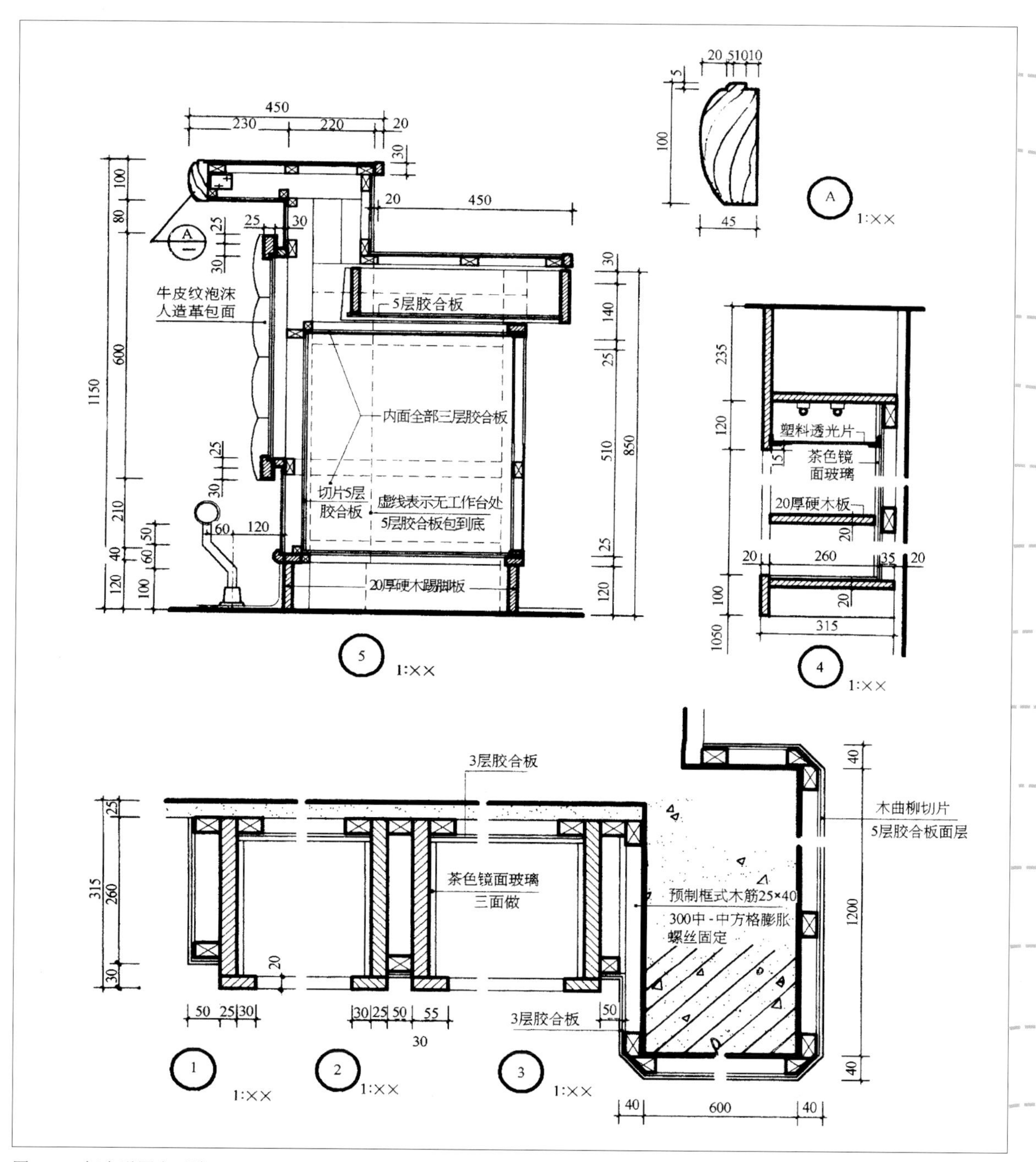

图 4-27 柜台详图表示法

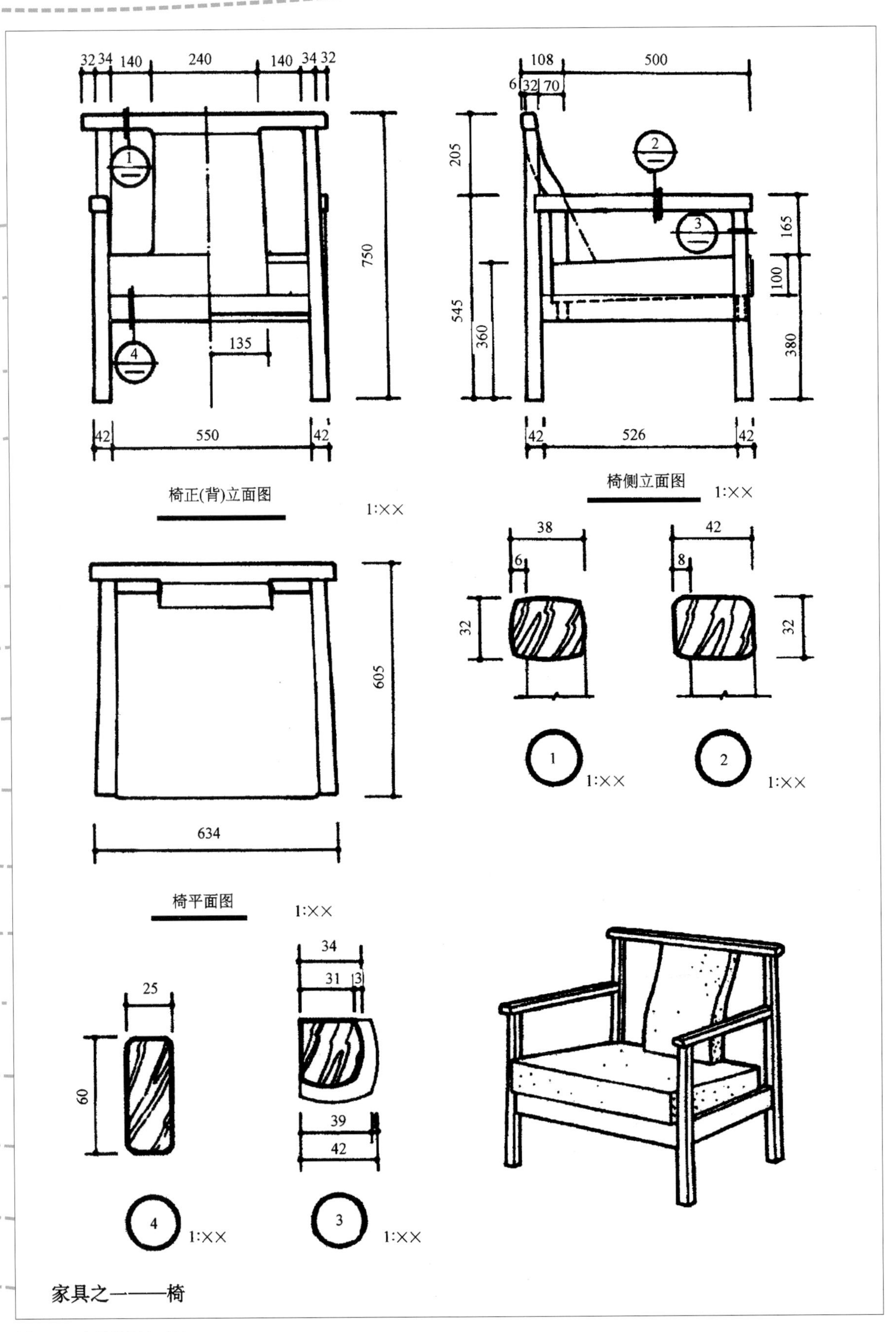

图 4-28 家具详图表示法

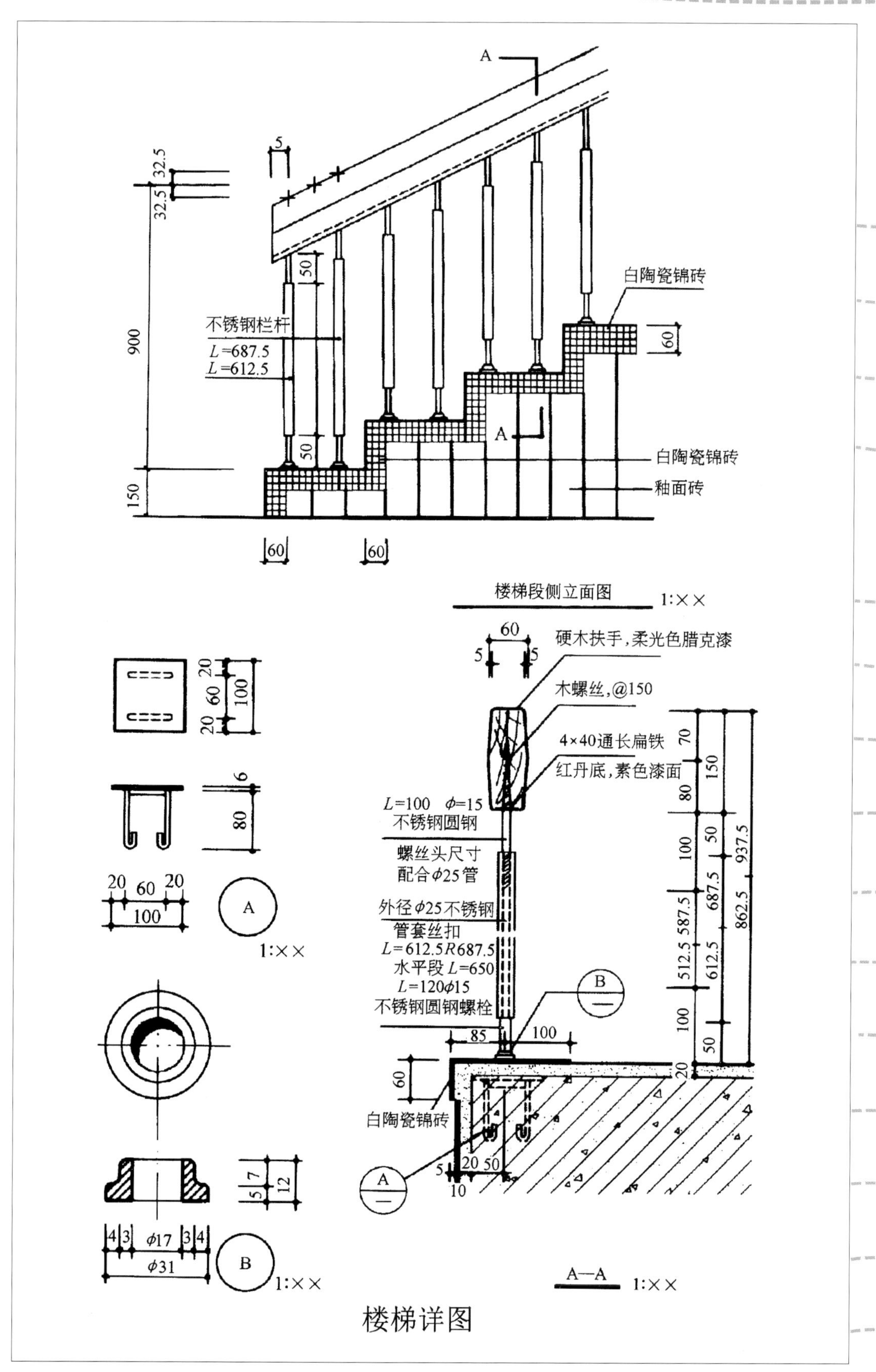

图 4-29 楼梯详图表示法

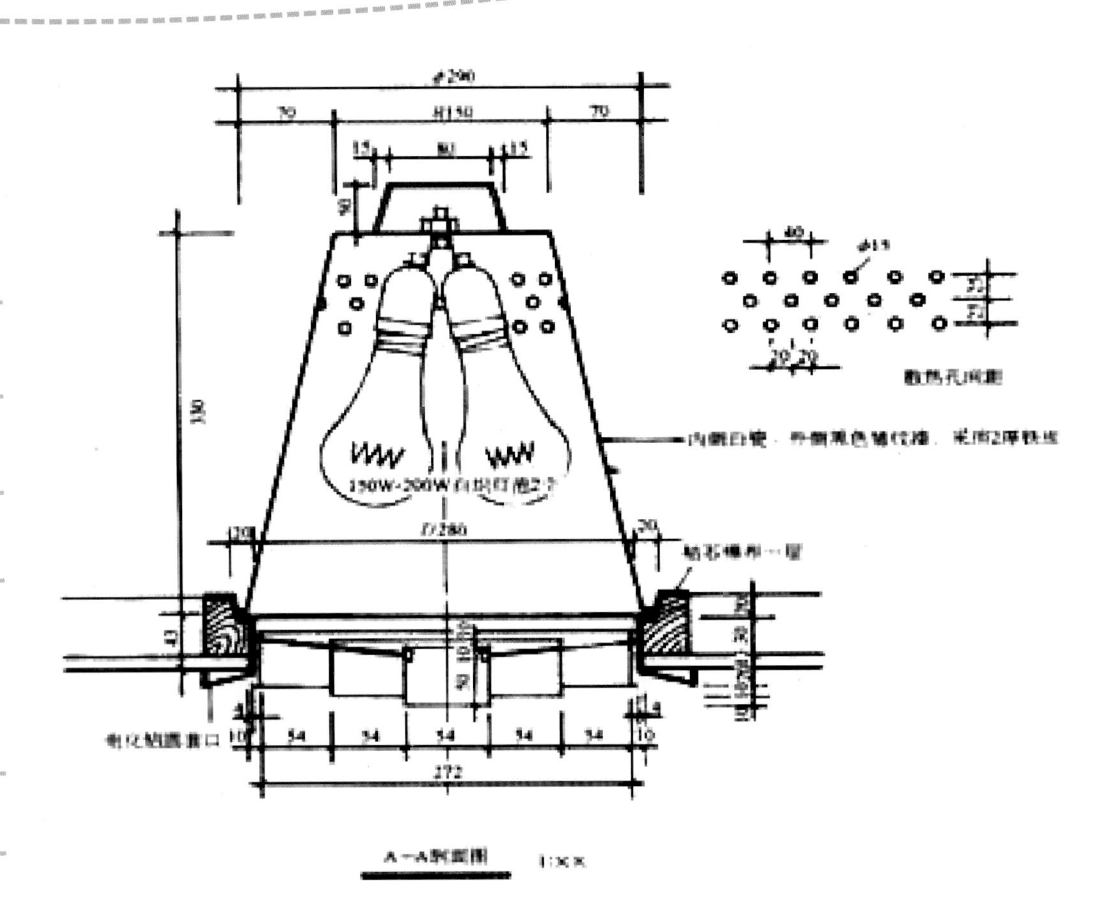

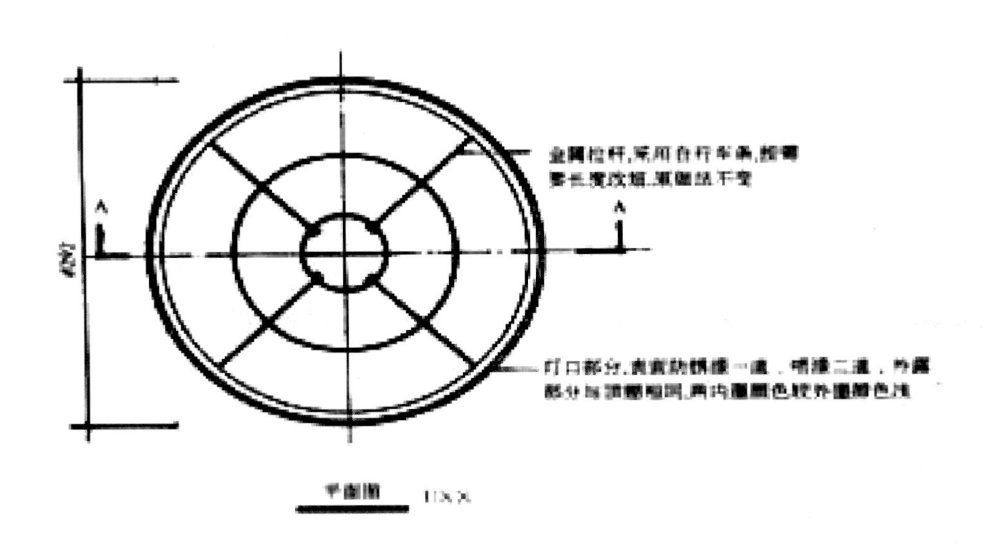

灯具之一

图 4-30 灯具详图的表示法

三、商业办公空间设计工程预算图

随着社会分工的不断细化，预算相对设计、施工而言自成体系，在现代办公空间设计工程中，担当着很重要的角色。虽然其具有很强的专业性，由不同的专业技术人员去完成，但任何一种专业技能人员都必须要对其相关的专业群有所了解，才能相互密切配合、协调，通过共同的努力去实现整体的目标，完成整个工程项目。作为设计师，主要任务是搞好设计创意，制定设计方案以及实施计划，不可能、也不需要去做好工程预算的编制方案。但是，对工程预算的作用、工程预算的内容、工程预算的编制方法的了解，更有利于设计师制定科学的、符合经济规律的、切实可行的实施计划。对客户来讲，这是认可投资和设计与施工开支的依据。对施工单位来说，工程预算的金额及其表达方式，对其能否接受工程和很好地完成工程有着决定性的影响。这不只是数字的简单罗列和累加。一份好的预算，是对全工程材料和工艺的设定，是费用的统计，是工程的材料品种及质量、工艺技术及水准档次，在经济上的量化体现。

1. 工程预算的性质与作用

（1）工程预算的性质

制定预算，首先是准确掌握工程各部分的面积及其用材和工艺，再把不同的装饰与工作分门别类，并冠以项目名称（有规范叫法的应尽量规范），再通过计算和估算，得出该项目单位所用的材料、配件和人工的费用，然后把这些费用相加，得出该项目单位面积或数量单价。在现代办公空间中，一个工程往往有数十至数百个项目，因此，通常只能以项目单位单价概括列出（有需要时才把该项目单位单价所包含的明细费用列出，即所谓做“分析预算”）。各项目单价 × 项目面积（也可能是长度或数量），即为该项目造价。把各项目造价相加就是工程预算的直接费，再加上设计费和综合费（也叫间接费），即为该工程完整的预算了。

（2）工程预算的作用

工程预算是设计、施工单位与建筑投资单位的工程项目资金结算依据。其主要由设计、施工方根据实现设计方案所需投资进行编制的，由建筑投资方进行审核，双方协商达成共识，认定为是工程项目结算的依据。工程完工，根据工程项目进行结算。

工程预算是支付工程价款的依据。根据设计、施工方与建筑投资商方协商，签订工程预算金额和支付方式合同，并执行按照工程的进度支付和安排工程项目经费。在施工过程中有变化，施工费用超出预算时，需进行双方协商，制定补充预算。

工程预算是设计、施工方编制工程实施计划，统计和完成工程项目的产值的依据。设计、施工方根据工程预算将正确编制工程实施计划，进行施工的准备、组织施工和材料的供应、把握工程进度，并统计施工报表和评估工程产值。

工程预算是加强设计、施工企业经济核算的依据。根据工程预算，设计、施工企业可以进行工程材料、人工费的核算，对工程项目的实际成本和效益进行分析，实现工程项目的经济目标管理和企业的效益管理。

2. 工程预算造价的组成

根据建标 (1993)894 号《关于调整建筑安装工程费用项目组成的若干规定》中，规定建筑工程费由直接工程费、间接费、计划利润、税金四个部分组成，见表 4-1 所示。

3. 建筑装饰工程预算的编制

（1）编制工程预算说明。主要有：工程设计方案的特点、目标、风格定位、效果以及重点项目的介绍；以工程设计、施工图纸为依据，拟定的施工组织方案；工程预算采用的定额、单位及工程材料采用的价格标准；取费计算标准和依据；其他问题的说明等。

（2）分项目工程预算表。根据施工图纸计算的工程总量、定额单价、合价、总计、取费、利润和税金等。

表 4-1 建筑装饰工程预算造价的组成

<table>
<tr><td rowspan="4">直接费</td><td>人工费</td><td>基本工资
工资性的补贴
辅助工资
福利费
服装补贴，防暑降温费
劳动保护费</td><td rowspan="5">工程预算数</td></tr>
<tr><td>材料费</td><td>材料原价（或供应价）
材料供销部门手续费；包装费（不包括押金及材料本身应进行包装的费用）
运输费（自来源地至指定堆放地点的运输、装卸及途耗）
采购及保管费</td></tr>
<tr><td>施工机械使用费</td><td>使用施工机械作业发生的机械使用费以及机械运输、拆卸、安装、进出场费用</td></tr>
<tr><td>其他直接费用</td><td>冬雨季施工增加费
夜间施工增加费
材料二次搬运费
生产工具用具使用费
仪器仪表使用费
试验检验费
特殊地区施工增加费
工程定位复测、工程点交、场地清理等费用
特殊工种培训费</td></tr>
<tr><td rowspan="2">间接费</td><td>施工管理费</td><td>管理人员工资
管理人员附加工资
管理人员劳保费
职工教育费
办公费
差旅交通费
固定资产使用费
行政工具使用费
其他费用</td></tr>
<tr><td>其他间接费</td><td>临时施工费，劳动保护费</td><td>专用资金</td></tr>
<tr><td rowspan="2">计划利润</td><td>技术装备费</td><td></td><td rowspan="2">利润</td></tr>
<tr><td>法定利润</td><td></td></tr>
<tr><td>各类税收</td><td></td><td></td><td>税费</td></tr>
</table>

（3）用工材料情况分析。主要有土建改造的工材分析；消防、空调、灯具、网络等设备的规格、型号、数量和设备安装用工量的分析；装饰工程的隐蔽施工、面饰施工的材料用量和综合用工量的分析等。

一般工程预算编制首先是收集并熟悉相关基础资料，详细了解设计意图、施工方案、材料选用及具体做法，这样才能较为准确地计算工程量，并套用工程项目定额单价、编制出合理的工程预算。具体如下：

一是收集相关基层资料。主要有建筑竣工图、土建及安装施工图；装饰工程的设计方案及效果图；装饰工程施工图及施工工艺说明条例；当地建设主管部门执行的预算定额、单价及费用计算标准；装饰工程预算编制手册及规范的预算表单等。

二是熟悉工程相关图纸。在详尽了解设计意图、施工方案、材料选用及具体做法的基础上准确计算工程量。严格按照定额规定，以及施工图纸中的具体尺寸计算工程量；细化、分类注明各种工程项目面积材料用量、工时等；定额计量单位应与工程量的计量单位相符。

三是准确套用定额单价。这是确定工程预算计算的依据与标准。预算定额的数量 × 材料价格 = 工程项目单价。凡是工程预算定额套用不上的项目，应编制补充定额的单价表；在工程预算编制中不能明确定额的项目应加以说明。

四是根据工程量并套用定额单价计算工程的直接费用，再加上其他直接费用、法定利润、税金等，构成完整的工程预算。

五是按规范格式书写工程预算书，并双方签字。

第二节　商业办公空间施工与管理

一、商业办公空间施工管理的形式

商业办公空间设计中，设计师与施工的协调关系，直接关系到工程设计施工的效果。一般设计师参与施工管理，可有三种不同的形式：其一是自己承包整个装饰项目，即对设计、施工管理、经济开支、工程效果和质量全权负责，并直接向用户负责；其二是只对用户负责设计及其效果，施工则由他人负责；其三是作为施工方的设计师参与设计与施工管理，只间接对用户负责，而直接对用户负责的是施工队负责人。

在施工管理中，设计师因身份不同，其工作性质和管理方法也应有所不同。

第一种形式，得到客户的直接信任和经济支持，设计师的主导性较强，设计方案双方已达成共识，那么，在施工管理中，设计师只要在经济允许的范围内，按方案实施或更好地发挥方案，便可很好地实现工程预期效果。在这种形式下，设计和施工管理融为一体，使得设计师所肩负的责任增多，设计效果之好坏、经济之盈亏，从设想到实现的一切实施工作，全在其掌握之中。此时，设计师需要换位思考，并按目标、有预见性地制定施工方案，有条不紊地组织工程实施。

设计师当以第二种形式，即只负责设计及监督实现其效果而不负责施工时，则应认真把好施工过程中的质量关和艺术效果关，为施工方解决结构、造型和配色的各种问题，监督工程如期进行，以保证设计效果如期实现。同时也应为用户作好投资与开支的参谋，为施工方节省不必要的开支，使工程又好又省地按时完成。

设计师若作为施工单位人员参与设计施工管理，应了解单位施工管理的方式方法，在施工中尽力实现其设计效果的同时，也要参与设定与改革工艺和结构，为工程节省不必要的开支，支持单位实现利润目标。这些目标往往是矛盾的，这就要很好地处理用户、单位和施工人员的关系，使其能相互理解和支持。处理好效果、开支和工期的关系，使工程达到最高的“价值工程值”。

以上三种设计与施工的合作形式，应该说各有特点。至于具体工程采用何种形式，往往是由许多偶然因素构成的，但关键是设计方案与造价，以及客户的信心。但不管采用什么形式，一旦决定之后，作为用户、设计师或者还有工程承包人，最好根据其形式特点，扬长避短，发挥其优势，使工程又好、又省、又快地完成。

二、商业办公空间施工前期准备

一般需要在开工前做好如下几个方面的工作：

1. 编制施工计划和工程进度表

（1）施工计划。是对全工程进行施工的设想，包括设定设计方案所要求的造型、用料，工艺的具体执行方案，如各工种的技术要求、工艺和用材的质量指标、施工管理和施工人员的配置、各工序的开工和完工时间以及全工程预定完工的时间等。

（2）工程进度表。这是把施工计划中的施工工序和时间安排图表化，主要包括各工艺顺序的排列、开工与完工的时间。

（3）正常工期与最低限度工期。施工时间的确定，在一般情况下，应通过科学计算和统计可能的工人人数（即场地允许施工人数）、技术与设备情况以及各工艺的完成和稳定的时间来确定，这是正常工期。但有时候，客户会因种种原因要求施工方缩短施工时间。作为施工方就要考虑如何通过加班加点和交叉作业，尽可能快地完成工程。这种尽可能快而又能保证质量的工期，就是最低限度工期。施工时间的确定，应在正常工期和最低限度工期之间作选择。过长的工期，会给施工方增加无谓的开支。过短的工期，不仅会增加施工方的开支，而且还会影响施工质量。

2. 工地管理机构设置和施工人员安排

（1）管理机构设置。管理机构设置的依据是管理工作职责的设定。尽管工程有大小、复杂、简单以及工期长短的不同，但除了不同工种需要不同专业管理人员之外，许多管理上的工作职责在各工程中是相近的。一般建筑装修施工管理主要有管财、管人、管物、管工等四方面的工作。主要的管理机构有财务室、办公室、后勤、仓库、工程部等。

（2）施工工人安排。在工程已有施工合同规定工期和工程进度表规定各工序的开工、完工时间后，要确定工种施工工人人数，估算其工作量，确定各工种工序人数。

3. 工艺设定与材料计划

（1）工艺设定。设计图纸有责任对各种造型结构提出工艺要求和作详尽说明。但经验告诉我们，这是不够的。原因在于设计时，重点在造型和整体环境的塑造上。在造型和结构的施工上有很多选择，哪种更好，往往会因人而异。因此，在每项工程设计后开工前，设计师与施工技术人员一起，对某些数量大和不常规的工艺进行研究和设定是很有必要的。

（2）材料的计算。在烦琐的工程中，对于材料的计算主要是采取近似归纳的做法，即对一些量大的造型和结构，抽样进行结构分解，以规格材料作开料图或开料分析，以此作基数，再乘以总数量，便可得出主要的用材数量。至于其他不规则造型，则采用分类归纳办法，再对其中有代表性的类别作用料分析，得出大概的用料数量。以上两项相加，即可得出全工程的大概用料数，再根据经验增加损耗数，就可定出进料的数量了。

4. 开工前的报批和总务工作

（1）办理相关开工手续。在施工队伍进场前，施工单位应办理各有关管理部门的审批手续，领取施工许可证。一般有这些项目需要申报：消防报批、城建报批、环卫和环保部门报批，若工地处在交通路面，还要到当地交通部门申报停车证，到城监部门申报占用道路许可证等。

（2）总务工作。在开工前，要落实好员工的膳食问题，相关施工用水电，设置临时办公室、仓库、宿舍等施工自用场地，安排照明、通信、防盗、保安等设施，办理好员工出入证，安排好材料和设备的运输路线和方式等。

三、商业办公空间施工现场管理

作为设计师同时也是工程负责人，现场管理的主要工作是指挥各种管理人员和施工人员，按已定的设计方案和工期进行施工，力求达到最佳的效果和较高的工程质量。当然，同时也要通过严格管理和控制工程开支，使单位和自己得到预定的经济效益。

1. 放线与布局修正

这是任何工程施工开始的首要工作，即按图纸要求（通常有尺寸的按尺寸，无标明的按图纸比例），把平面布局的位置和尺寸在现场用弹墨线的方式放出来。此时施工管理员会核对尺寸、角度以及水平垂直线是否有误差。作为设计师则应复核放样后的各平面是否正确。同时，若图纸与现场有差异时，也应按实际调整。因为此时作调整容易且简单，如等下一步施工完成再动则费时又费料。因此，首先应做好各基础工程的施工与管理。

2. 调整与完善设计效果

双方达成协议之后，在整个工程施工过程中，作为施工单位，按图施工是一个基本原则。但在装饰设计中，再详尽的设计图，都不可能对空间中每个局部、每一造型、色彩、结构等都准确无误地表现到，这就需要设计师在施工中，根据不同的进度，及时发现设计疏漏及设计得不理想的位置与造型，并对其进行调整和完善。另外，由于水电、消防、空调的施工，也可能会使原设计的空间有所改变，这也需要调整或重新出设计方案，甚至还要调整或改变其他地方相关的造型。还有，在施工中对某些施工员不理解或易误解的方案，也要在现场加以说明，必要时，还要补充立体图、详图等。

3. 材料的选购

同样，在施工过程中，设计师对材料选购的把握也是必需的。如方案设计图纸上标明的材料类型、规格、等级等参数，应按标准选购。选购过程中，对没有能选购上材料的或根据具体情况需要更换材料的，需要双方补充协议，避免产生纠纷。若没有具体标明材料的相关特征，根据客户的需要，在经济条件允许的情况下，也应选优质的材料。在同等材料的选择上可以查阅相关书籍，了解其出处、内部结构、价格等，从而进行必要的比较。即便如此，也避免不了材料的选择失误，这些问题作为设计师都需要能够把握。

4. 工艺质量管理

在所有工程中，质量是第一位的。在装饰工程的工艺管理中，不同的阶段有不同的重点和要求。不管什么阶段和工种，有图纸的，有明确质量标准的，应严格按图纸规定的质量标准施工和验收。作为施工方来说，每一个步骤都应该是有一定的质量标准的。若某工序质量把关不严，就可能造成后来质量出问题，产生不必要的麻烦。因此，工地的质量管理应该是每时每刻、每个步骤都要严格把关。

总之，过程化管理在现代建筑装饰工程施工中是很必要的，问题发现得越早，越便于解决，越不容易产生纠纷。全工程完工，力求在结构上合理，在造型上准确无误，在材料上合格，在最终效果上表现优良。

四、商业办公空间设计的工程验收与结算

整个工程施工应按合同规定的工期或日期完工，工程完工后应需通知用户组织验收，并进行整个工程的结算。

1. 工程验收

工程完工通知用户组织验收，征求用户意见，确定具体验收时间。在此期间，施工单位应做好以下工作:

（1）按质量标准自检。此时，已经完工，没有问题是不可能的，一般大的质量问题是不该有的，但小问题往往是难免的，特别是一些容易被人忽视的局部和项目，如：不同材料的拼接位置是否整洁、材料的收口是否自然准确、地面的拼缝是否平白、窗帘开关是否顺滑、各种门窗的活页、导轨和锁头是否牢固和顺畅、各灯具的安装是否正确和美观、电器开关和插座是否灵便和畅顺等等。这些小问题，要作调整和修复并不难，应仔细检查，在验收前定要处理好，否则小问题也会转化为大问题。

（2）环境清洁与设施护理。就算装饰和管理得再好的工程，也难免会遗留一些灰尘和油斑痕迹（施工

过程中每完成一个工种和工序后都及时清理，但还是会留有痕迹的），这些都会对装饰效果造成很大影响，因此，都必须认真清理（现在已有专业公司负责此工作，如经济条件允许的话，也可由他们来做）。另外，一些材料和饰面（如石材、原木、玻璃等），还可以通过打蜡和抛光，使其光彩动人。再有，导轨、活页、锁头等活动配件，也应喷点润滑剂，使其更顺畅和耐用。

（3）环境布置。一个装修好的环境，因尚未正式使用，往往会显得空荡。如果合可能的话，增加一些植物和摆设，可以增添不少自然和生动的气氛。另外，家具的摆设也是极需讲究的。同样的家具，如果摆得不好，不但影响家具的美观，而且还会影响整个环境。

（4）备齐合同、预算、图纸、施工现场记录等资料。因为验收会有用户和有关管理部门的人员参加（平常他们是难以聚在一起的），他们一般都会提出一些问题，设计和施工方如果能现场解释是最好的，这样比以后再找有关人员逐个解释要方便得多。备齐资料，有助解释和核对。

（5）意见记录和验收证明书。通常验收过程中，客户和有关管理部门会提一些改进意见（很少可以即时签署“验收证明书”），对此，施工方应做好记录，能改进的则定出改进方式和期限，难以改进的应马上与用户或其他有关人员商讨解决办法，并让用户定好开具验收证明的时间。最终只要按要求完成改进事项，即可让用户签署“验收证明书”了。这些工作都完成以后，验收才算通过。

2. 工程结算

工程虽已有合同和预算，但施工过程中难免会有改动、调整和增减项目，这就需要通过结算来对工程重新核价（不在承包范围的应另作增补）。一般工程结算的过程是，先由施工方根据全工程的调整和修改情况，列出工程增补预算，其中应包括：

（1）用户提出增加的项目，如因使用需要增加的施工项目（装饰、设备、劳务、家具等）。

（2）用户调整方案所增加的装修面积、项目和返工工料费。

（3）应用户要求提高其装饰档次所增加的工料费。

（4）因工程款支付不及时、调整方案或其他属用户责任引起的施工方窝工、停工的人工工资补贴。

（5）因停水停电导致施工方窝工、停工的人工工资补贴。

而用户方的代表则会列出施工方某些因调整而减除的项目：

（1）施工方因调整方案所减少的项目。

（2）施工方虽已完成，但降低了档次或减少了数量或面积的项目。

（3）质量未达到原预算所规定标准的项目。

在完成以上工作后，双方经过详尽的商讨，最后签署增补预算和达成双方认可的结算协议书。若有保修协议，用户便会留下保修款后，付清施工人员剩下的工程款，用户与施工方的关系便进入保修阶段。若无保修协议，用户则应付清全部工程余款。施工人员应把包括调整和修改在内数套全部项目的完整施工图文交于用户存档备案。至此，工程全部完成，双方的工程关系即告结束。

课程实践环节：

结合实践单位（实践基地），在具体设计方案确定的基础上，通过手绘、电脑制作出施工图，应附有工程预算、材料清单、工程管理形式、工程施工环节调度表等。（如果方案被客户采纳，可以参与整体工程施工管理过程）

具体要求：

以个人或小组（不超过3人）为单位，根据具体设计方案，通过手绘、电脑制作出2~3套施工图纸（其中手绘和电脑制作至少各一套），应附有工程预算、材料清单、施工管理细则。

第五章　商业办公空间发展趋势

学习目标：了解现代新型商业办公空间的发展趋势，认识分析现代各新型商业办公空间设计方法、表现形式的优劣；总结商业办公空间发展的一般性规律；以发展的眼光看待商业办公间的设计施工。

学习重难点：主要把握对现代各新型商业办公空间设计方法、表现形式的优劣分析。

第一节　商业办公空间发展的方向

随着社会的飞速发展，在高效的管理理论、系统的现代化设计和庞大复杂的技术支持下，办公室发展成为方便人们工作的"高科技方盒子"。众多的新发明，如网络、电子邮件和移动通讯等对 21 世纪的办公空间有着同样的催化作用。这些新发明在办公室的运用中成为新世纪的典范，办公空间正以一种新的不同于以往的方式呈现。人们对办公空间的要求越来越高，办公空间的意义不仅仅着眼于形式上的美感，更要涉及办公效率、人性化、智能化的问题。

一、景观型办公空间

景观型办公空间具有员工个人与组团成员之间联系接触方便、易于创造感情和谐的人际和工作关系等特点。借助电脑确定平面布局、组团和个人工作的地点，用家具和绿化小品等对办公空间进行合理的灵活隔断，且家具、隔断均为模块化，具有灵活拼接组装的可能。景观办公空间相对集中的 、有组织的、自由的管理模式，有利于发挥工作人员的积极性和创造能力，是一种较为自由和灵活的空间布局。（图 5-1，图 5-2）

图　5-1　独特的造型和工作模式是现代年轻人的需要　新加坡经济发展局总部 phillips connor 设计

图　5-2　图像与实物并置的方法，使植物配置生动起来　上海秀领瀚禾景观绿化工程有限公司办公楼　饶青设计

二、智能型办公空间

“智能化”一词最早被用在建筑上，是“智能建筑”，是为了适应现代信息社会对空间功能、环境和高效管理的要求，特别是在建筑物应具备信息和通信、办公自动化、建筑设备自动控制和管理等一系列功能的要求下，在传统建筑的基础上发展而来的，首次出现于美国联合科技集团 UTBS 公司于 1984 年 1 月在康涅狄格州所建设完成的 CityPlace 大楼的宣传词中。该大楼以当时最先进的技术来控制空调设备、照明设备、防灾和防盗系统、垂直交通运输（电梯）设备、通信和办公自动化等，除可实现舒适性、安全性的办公环境外，还具有高效、经济的特点，大楼的用户可以获得语音、文字、数据等各类信息服务，而大楼内的空调、供水、防火防盗、供配电系统均为电脑控制，实现了自动化综合管理，使用户感到舒适、方便和安全，引起了世人的注目。办公空间设计也受其影响，智能型办公空间兼备通信、办公、建筑设备自动化，集系统、结构、服务、管理的最优化组合，提供一个方便、舒适的办公环境。（图 5–3）

第二节　新型商业办公形态

一、SOHO 型

“SOHO”即“Small office or home office”，是一种全新的建筑概念，其意是“小型办公空间，家庭办公空间”。SOHO 将已被现代社会完全分开的现代人的“工作与生活”重新结合起来，二者融于同一空间之内。而将这两者合二为一的媒介就是 Internet（国际互联网）。SOHO 在国外已经盛行，而在中国还是一个新兴事物。随着中国经济的发展，人们生活品位的提高，中国的 SOHO 一族也将日益壮大。（图 5–4，图 5–5）

图 5-3 办公智能化、自动化的需要　韦斯特·韦恩，汤普森，文图利，斯坦巴克及合伙人设计

图 5-4 小型办公空间　设计公司：Artkink Design Associates Ltd

图 5-5 Lissoni 的工作室 Alberto pioveno 摄影

图 5-6 旅馆型办公空间 舒适温馨的设计 Charlotte Schulke 设计

图 5-7 共享型办公空间 顶层和墙面合而为一，营造一个纯洁、动态的工作环境 Fuksas Associati 的工作室 Giovanna Piemonti 设计

二、旅馆型

这种形式的办公空间的应用随意性很大，工作人员对办公基本设备的需要根据现场即时分配，使用时间集中，但跨度很短，在约定的时间段内，都可以使用这些空间。这是一种较方便、快捷的办公形式。（图 5-6）

三、共享型

这是一种团队或小组工作形态。共享指的是在同一时间或者不同的时间段进行工作的两个或者多个员工，根据工作性质及其他因素安排在一个办公室、一张办公桌上办公的方式。这种工作形态能充分利用办公资源，有利于团队的沟通与合作。（图 5-7）

四、移动型

移动型办公形态，是一种较自由、灵活的工作方式。也可以把它称作为公文包里的办公室。可以通过各种先进科技，在各种场合组织办公。

五、轮用型

轮用办公方式是办公设备最优化使用的方式，是以工作人员按“先来先用”的原则使用企业或公司的办公空间或办公家具等设备的方式。一般它是由两家或多家企业之间经过商议，共建双方都可利用的办公空间和相关设备，采用轮流办公的一种办公形态。

以上各种新型的办公方式的出现，引起了办公空间设计的新变化，给对原建筑机构的分析组织、办公空间的分割布局、办公家具等设施的配置带来了新的挑战。一方面，新型办公方式的出现，具有高效利用资源和节省资金、优化空间利用率、更好地实现人的需要和办公的需要的优点。但也可能使企业与工作人员之间、工作人员相互之间的关系发生新的变化，给企业的管理、制度的制定等工作增加了难度。因而新型办公方式的选择需要慎重，以新型办公方式为基点的办公空间设计更要细致地考虑和规划。

课程实践环节：

了解分析几种新型商业办公空间设计方法、表现形式的优劣。

具体要求：

以小组为单位，了解分析 2~3 种新型商业办公空间，并进行市场应用情况分析，形成认识分析报告、市场应用分析报告。

第六章　商业办公空间设计实例

学习目标： 通过对几个设计个案的评析，整体了解商业办公空间装饰工程中设计与施工管理内容的有效统一并加深认识；掌握商业办公空间装饰工程的全过程。

学习重难点： 细化商业办公空间装饰工程中设计与施工管理各环节的协调合作性。

第一节　上海市浦东市民中心办公楼工程

上海浦东市民中心全面积 18 000 平方米，由梁嘉莹、陈楠等设计，采用的主要材料有：Limestone、法国岩石、定制木质吸音板、金属板、防火板、Low-e 玻璃等。

1. 项目对象分析

中心职能、整体形象营造是项目设计的出发点。浦东市民中心是上海市首家区级市民中心，将原本分散在浦东 47 个不同地方的政府部门的服务窗口集中到一起，一站式解决 379 件与百姓生活息息相关的事项。其职能包括行政许可、公共管理、公共服务、政府信息公开、政府与社会组织合作、效益监察等六个方面。此外，还设立了电子监察网络，监察人员通过电子显示屏就能看到市民办事的过程，能够及时正确地处理行政效能投诉和督办需要快速办理的事务。

2. 建筑解读

空间设计往往是科学和技术手段、理性和感性并存的艺术。空间设计中的建筑本身和建筑室内空间是父与子，不仅有先后，且有血液延伸和秉性传承的关系。懂得解读建筑，就懂得尊重建筑、运用建筑，从而实现室内空间设计对建筑的传承与延伸。

该项目的设计师很重视对建筑的解读，在对该建筑形式和建筑气质的把握上做了很恰当的诠释，以不保守、不张扬的表现手法体现政府公共建筑最本质的体量、光影、虚实、生态、细节之美。

3. 装饰设计

在功能、空间与形式上，浦东市民中心的办事大厅由一楼和二楼的共享空间构成，一楼分布两个岛式办理窗口，二楼为折线型的条式办理窗口；三楼的采购中心、建设交易的基本形式是开评标的会议室，组成三个区域的体块。这些区域通过两个中庭空间联系起来。入口中庭贯穿一楼和二楼，把办事窗口区域有机结合，同时对主入口的内部空间有所交代，也疏通了整个大楼前来办事的大量人流。内部绿化从中庭贯穿一至三楼，屋顶为采光天棚，地面布置了绿化和休息座椅，由下至上逐层扩大，富有节奏感，是整个大楼的“绿肺”，既活跃了市民中心的内部空间，又解决了大楼中间部位的采光问题，也为前来办事的市民提供了一块环境幽雅的休息场所，同时也实现表现阳光政府、透明政府的意愿。地下层可从北侧室外直接步入下沉式广场，并到达地下一层的市民会堂、市民茶室、市民长廊、市民心语等区域，是实现市民与政府、市民与市民之间互动的平台空间。通过下沉式广场，地下一层北侧部分可获得自然光和新鲜的空气以及下沉式广场的景观，并与之共同构成市民活动的舞台。更为难得的是，在如此狭隘的用地范围内实现了内外空间的渗透。

在控制与细节上，突出强调一个简单的空间更应该是一个精细的空间。在整个施工图设计过程中，结合基本轴网和层高，确定理想建筑门高，尽量使得每块标准尺寸的石材在哪里都可以不经切削，直接使用，大大方便了施工，同时塑造了完美空间。同时采用了建筑与室内石材水平分割线贯通的手法，强调了建筑的延伸感，在材料运用上变化过渡自然（外立面石材为以色列的 Limestone，室内为法国砂岩）。无论是材料、颜色、光泽度、工艺、形态、植物、家具等都经过设计师的细致考虑，连门的把手、休息坐垫都绘制了详细的定制图纸。施工中，结合过紧的工期，创新了许多新的安装工艺，使不少材料做到了成品或半成品的安装，既节约了现场工期，也发挥了工厂化生产的优势。（图 6-1，图 6-2，图 6-3，图 6-4，图 6-5，图 6-6，图 6-7，图 6-8，图 6-9，图 6-10，图 6-11，图 6-12）

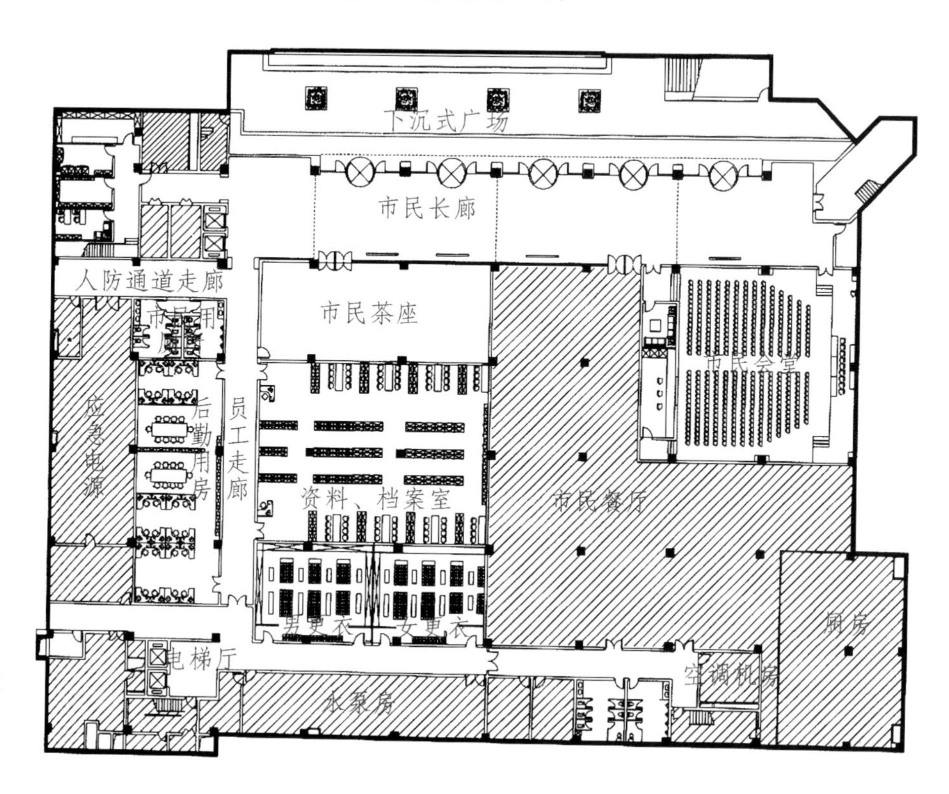

图 6-1 市民茶室

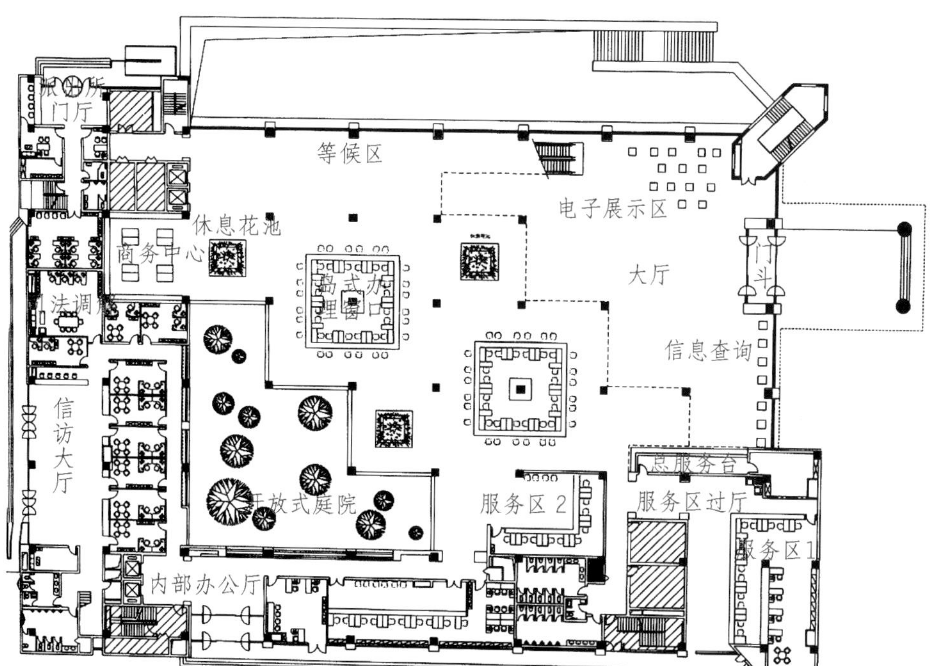

图 6-2 市民会堂

图 6-3 信息柱

图 6-4 办事大厅

图 6-5 服务总台

图 6-6 中庭体量变化

图 6-7 阳光绿化中庭

图 6-8 开评标区走廊外侧

图 6-9 开评标区走廊外侧

图 6-10 主通道

图 6-11 开评标区东走廊

图 6-12 开评标区外侧

第二节　台湾优利系统电脑公司办公楼工程

图 6-13 入口柜台造型前卫，下设储藏柜，使台面整洁大方，和一旁镜面不锈钢圆柱呼应

UNISYS 全部楼面面积约 4 960 平方米，包含六、七、八等三层楼，由大钰企划设计有限公司负责人韦光新设计。

1. 整体设计规划

负责本案的设计师韦光新，根据业主双向管理的经营理念，在空间设计上注重双向效果的表现，既有私密性，也有开放性。不讲究过分的隔断，设计中很少有边框的出现，主要是为了避免过分私密而造成公司的隔离；过于开放性，对事务工作亦会造成不能深入进展的干扰，突出把握私密与开放之间的平衡点。同时设计师根据行业调研与分析，预设到企业未来的经营与发展性，软件资讯也巧妙地引用于硬体空间中，实现软硬一体化功能。突出强调“从秩序中求变化，以效率与形象为设计最高指导原则”。设计师借着本身的系统化理念及科学化步骤，再配合电脑公司的科技背景，适度地强调管理系统和功能，也配合组织流程，使它能在有限的条件下，创造出最大的空间效果。

在整体色调上，本案采用蓝、灰为底色，在企业形象上点缀红、黑两色；此外，在高级管理人员的办公室内以较为人性化的原木色为色调，灯具布局力求使灯光在大型空间中均匀分布；材料则以方地毯、美耐板、花樟木皮、防火壁纸为主。

2. 装饰设计

（1）接待台。作为公司的主要形象，背景墙和家具的设计好坏直接影响到公司的整体发展。在主通道口，入口柜台以相当前卫的造型，塑造出一种高科技办公空间的气氛，其下设置储藏柜，使台面整洁大方；在柱子的处理上，以木质材料和不锈钢两种不同材料的对比，加强空间层次感。（图 6–13，图 6–14）

（2）办公区。通过钢化玻璃进行空间的有效分隔，既满足不同工作类型的需要，又达到使整个空间一体化的目的（图 6–15，图 6–16，图 6–17）。在整体空间的分隔中，将秘书办公区集中起来，便于工作的递补性。（图 6–18，图 6–19）

（3）其他场所。人性化的会议室、设备齐全的电脑中心、大型档案、零件资料室、敞开的接待室等。（图 6–20，图 6–21，图 6–22，图 6–23）

图 6-14 训练中心入口 宽口径适合较大的人流进出

图 6-15 办公空间的整体性较强

图 6-16 将秘书办公室集中，考虑其递补性

图 6-17 玻璃隔断的办公空间，是有开放与私密的效用

图 6-18 业务工程部门

图 6-20 人性化的会议室空间

图 6-19 秘书接待区

图 6-21 大型档案、零件资料库

图 6-23 宽敞的入口接待区

图 6-22 齐备的电脑中心，效率十足

第三节　某厂房办公楼装饰工程（学生设计案例）

原有建筑结构为纯钢结构，屋面为彩钢瓦屋面，内部结构分上下楼办公区及茶厂房生产区，层高一楼3.5米，二楼3.3米，内部结构简单，比较适合综合性办公。（图6-24，图6-25，图6-26）

一、工程招标和设计方案及预算

这是招标工程，设计与施工单位统一完成，投标方案为设计方案与工程预算，作为办公及生产行政楼使用，且装修费用有限。因此，用户要求费用上节省，但其装修效果要实用、美观、新颖、风格独特，能代表其单位形象。作为投标单位，则谁有最好的方案和最低的适价谁中标。设计公司在设计投标时秉持“设计新颖、低造价、适用、美观”的原则，着重解决以下问题：

1. 解决目前裸露在外的钢结构，使设计和原有结构不冲突，既可以有实用性设计，又可以达到美观的效果。（图6-27）

2. 实现空间的合理利用。原结构空间较为宽敞，在设计的时候，尽量考虑办公的功能性。对于空间采光部分给予合适的设计。

3. 有重点装饰。重点放在会议室，接待区，走廊等主要位置，大面积的文件柜则采用耐用的设计方案，机务、结构用料上均从简从省。

4. 图纸方面，效果图及施工图结合，清晰且方便施工。

5. 工程预算方面，遵行装饰宗旨，对装修方案的各部分及用材结构深入分析，研究，计算，使总造价低于同档次装修报价。

二、施工管理

本工程1 110个平方米，施工开始即派驻地人员现场监督施工，对每个工程项目的进度及施工情况及时记录，如有问题，现场及时解决，对于每个节点工程项目的完成，都要进行验收并备份材料。

三、实例分析

（图6-28，图6-29，图6-30，图6-31，图6-32，图6-33，图6-34，图6-35）

课程实践环节：

结合实践单位（实践基地）或主观命题进行综合训练。

具体要求：

以个人或小组为单位（不超过2人）确定对象，做 一份市场调查报告、一份具体方案设计意图说明报告，施工图纸（均为1号图纸）包括：空间平面布置图、流线分析图、地面平面图、天棚平面图、主要墙面剖立面图、透视图、部分家具效果图。

图 6-24 原建筑结构

图 6-25 原建筑结构

图 6-26 原建筑整体形象

图 6-27 原建筑内部结构

图 6-28 辅助就餐空间

图 6-29 小型接待室

图 6-30 大厅办公区域

图 6-31 简单实用的办公家具

图 6-32 会议室

图 6-33 会议室

图 6-34 大厅电脑效果图

图 6-35 敞开式办公空间效果图

参考文献

高祥生，韩巍，过伟敏．室内设计师手册（上下）．北京：中国建筑工业出版社，2001.

黎志伟．办公空间设计与实务．广州：广东科技出版社，1998.

杨运均．快速室内设计预算资料大全．成都：成都科技大学出版社，1992.

霍维国，霍光．室内设计工程图画法．北京：中国建筑工业出版社，2001.

邓楠，罗力．办公空间设计与工程．重庆：重庆大学出版社，2002.

易军，杨建军．现代室内装饰设计竞标优秀案例・办公空间．南昌：江西美术出版社，2005.

CHIC design series 贝思出版有限公司汇编．办公室内．南昌：江西科学技术出版社，2003.

贝思出版有限公司汇编．新办公室空间．南昌：江西科学技术出版社，2002.

符宁．创意办公室．沈阳：辽宁科学技术出版社，2002.

黄小石．办公室设计．沈阳：辽宁科学技术出版社，2000.

Arian Mostaedi．工作室全新设计．周学军，尚凌云译．工作室全新设计．济南：山东科学技术出版社，2002.

斯坦利・阿伯克龙比. 世界建筑空间设计办公空间(3). 张应鹏，张莉译. 北京：中国建筑工业出版社，2001.

莱斯特・敦德斯．世界建筑空间设计办公空间（1）．佘高红，韩爱惠译．北京：中国建筑工业出版社，1999.

斯坦利・阿伯克龙比．世界建筑空间设计办公空间（2）．蔡红等译．北京：中国建筑工业出版社，1999.

迈尔森，罗斯. 创意办公空间. 英宏萍等译. 北京：中国建筑工业出版社，2001.